秦岭生物学野外综合实习基地指导丛书

生态学野外实习指导

朱志红　李金钢　编著

本教材由国家基础科学人才培养基金(J0730640)资助出版

科　学　出　版　社
北　京

内 容 简 介

本书是在秦岭生物学野外综合实习基地多年的生态学实习基础上编著的，实习内容设计为 8 个模块，除实习动员和实习总结与交流外，其余六部分包含 21 项实习内容。第一部分全面介绍了实习地区的气候、生态环境、生物多样性和植被特征，概述了生态学研究方法与野外取样技术等；第二部分简述了参观与考察实习的 5 项内容；第三部分详述了 13 项基础性实习内容；第四部分为 2 项研究性实习的选题参考说明；第五部分介绍了实习中常用的几种数理统计分析方法和统计软件 SPSS 的应用方法；第六部分为专题小论文撰写。实习内容主要涵盖了生态学的基础核心内容——种群生态学与群落生态学野外调查部分。书后附有植被类型与景观照片 44 幅(附录四)。

本书可作为生态学、生物学、林学等专业本、专科学生的生态学野外实习参考教材，对从事生态学野外调查的专业人员和研究生也具有参考价值。

图书在版编目(CIP)数据

生态学野外实习指导/朱志红，李金钢编著. —北京：科学出版社，2014.6
(秦岭生物学野外综合实习基地指导丛书)
ISBN 978-7-03-041105-1

Ⅰ.①生… Ⅱ.①朱…②李… Ⅲ.①生态学-教育实习-高等学校-教学参考资料Ⅳ.①Q14-45

中国版本图书馆 CIP 数据核字(2014)第 129187 号

责任编辑：吴美丽 / 责任校对：郭瑞芝
责任印制：赵 博 / 封面设计：迷底书装

科学出版社出版
北京东黄城根北街 16 号
邮政编码：100717
http://www.sciencep.com
北京科印技术咨询服务有限公司数码印刷分部印刷
科学出版社发行 各地新华书店经销
*
2014 年 6 月第 一 版 开本：720×1000 B5
2025 年 1 月第八次印刷 印张：10 1/4 彩插：4
字数：206 000

定价：68.00 元

(如有印装质量问题，我社负责调换)

前　言

秦岭是我国中部东西走向的巨大山脉，其主体横亘于陕西省南部，主峰太白山位于秦岭山脉中段，海拔 3767.2m，是我国青藏高原以东大陆的最高山峰（聂树人，1981）。秦岭山体巨大，东西绵长，峰峦叠嶂，山势西高东低，北仰南俯，南北两坡不对称，北坡陡峻，南坡缓长。秦岭位于我国中纬度地区，受大陆性气候和季风性气候的双重影响，对来自北方和南方的冷暖气流都有阻挡作用，南北坡的水热条件差异明显。南坡为北亚热带气候，北坡属暖温带气候，成为中国南北地质、气候、生物、水系、土壤五大要素的天然分界线和交汇带。秦岭山脉高峻，随着海拔的上升，气温平均以 0.53～0.61℃/100m 的递减率降低，表现出明显的垂直温度带（陈明荣，1992），形成了典型的山地植被垂直带谱。太白山山地植被垂直带谱是东亚地区划分山地植被垂直带谱的重要参照标准（任毅等，2006）。

秦岭因其独特的地理位置，丰富的生物多样性资源，完整稳定的山地森林生态系统和第四纪冰川地貌，成为东亚生物多样性的热点地区之一，被称为世界罕见的"生物基因库"。秦岭的生物多样性在中国生物多样性格局中占有十分重要的地位，被列入《国家生物多样性战略行动计划》优先保护区。在《国家主体功能区划》中，秦岭被定位为国家重点生态功能区，是保障国家生态安全的重要区域，其功能类型主要是生物多样性维护功能，即其生物多样性在我国中部关键节点位置上所产生的巨大生态功能与价值。

气候变化是近年来全世界关注的重大问题。1959～1999 年的 40 年间，秦岭南北地区的气候具有同步变化的趋势，气温普遍上升，降水逐渐减少，气候暖干化特征明显（延军平和郑宇，2001）。但近 15 年来秦岭南北坡年平均降水量均有所增加，且北坡增加更快（230.4mm/10 年），说明秦岭北坡地区气候又有暖湿化趋势（高翔等，2012）。秦岭南北坡气候变化趋势的差异非常准确地反映出秦岭在气候变化中显著的分界作用。目前，秦岭山地的自然生态环境总体上处于良好状态。在秦岭各自然保护区内，山地森林生态系统的完整性和稳定性好，生物多样性丰富，森林覆盖率高，生态功能显著。但在中低山及河谷盆地，人类日益强烈的社会和经济活动所导致的植被退化、水土流失加剧、河谷盆地水环境恶化、主要河流水质降低、农业面源污染加剧及生物入侵日益严重等生态环境退化问题令人担忧。

生态学是研究生物与其生活环境之间相互关系，以及生态系统的结构、功能与动态的一门学科。联合国及各国政府已将生态学的基本原理和基本思想看作社会可持续发展的理论基础。当今生态学家面临的任务不仅仅是揭示生态学现象与过程发生的机制，还要为解决诸多环境问题提出解决方案（国家自然科学基金委员会和中国科学院，2011）。秦岭是进行生态学科学研究的“天然实验室”，也是进行生态学野外教学实习的理想场所。2007年，陕西师范大学秦岭野外实习基地被列入“国家自然科学基金人才培养项目生物学野外实习基地”建设项目，本书即为该项目中“秦岭生物学野外综合实习基地指导丛书”之一。本书所含的六部分二十一项实习内容相互衔接、层层递进，力图体现“增强感性认识，突出基础训练，鼓励独立思考，培养创新精神”的教学理念。本书中包括的常用数理统计分析方法和统计软件SPSS应用，以及专题小论文撰写方法等内容，便于学生对野外大量调查数据进行即时分析及撰写专题研究论文时参考。实习学生可进入陕西师范大学秦岭生物学野外综合实习基地网站（网址：http://qfpb.snnu.edu.cn)，下载打印整套野外实习调查记录表，以便在实习中使用。

本书实习十八由李金钢撰写，其余部分由朱志红撰写。在本书即将付梓之际，谨向资助出版的国家自然科学基金委员会表示感谢。向审阅书稿并提出宝贵修改建议的陕西师范大学生命科学学院王孝安教授和西北大学岳明教授致以由衷的谢意。特别感谢西北大学岳明教授为本书提供了大量植被类型和景观照片。陕西师范大学生命科学学院于晓平教授和郭华博士也提供了部分照片，尤平教授和于晓平教授还分别审阅并修改了实习十六和实习十七两项内容。本书根据徐海根和强胜先生主编的《中国外来入侵生物》（2011）的记载，参照陕西师范大学生命科学学院田先华教授提供的旬阳坝地区维管植物名录，确定了实习地区主要外来入侵植物。博士生张璐璐，硕士生杜家丽、卫欣华和孔彬彬参与了书稿校对。在此一并致谢。

由于编者水平有限，书中不足之处在所难免。恳请阅读和使用本书广大读者提出批评和修改意见。

朱志红

2014年4月19日于西安

目　　录

生态学野外教学实习大纲

一、实习目的

生态学是理论和实践性很强的学科，生态学野外教学实习是培养学生实践能力的关键环节，是运用生物学和生态学知识认识自然世界的一项重要实践教学活动。实习目的如下：

1. 了解实习地区的自然地理概况、生态环境特点、植被分布规律及主要生态系统类型的特征。学会观察动植物在自然界的生长状况和分布规律，了解各种生物生存地的环境特点。对自然植被和人工植被有一个直观认识，能实地区分个体、种群和群落。

2. 掌握生态学最基本的野外调查方法、数据统计和分析方法，并实地进行种群和群落生态学有关内容的野外调查，分析种群和群落的基本特征。

3. 通过专题研究，培养学生思考并发现现实生态学问题及解决问题的能力，并对研究中发现的现象和规律进行正确分析与解释。

4. 增强感性认识，进一步激发学习生态学的热情，陶冶情操，培养艰苦朴素、吃苦耐劳、独立思考、团队合作、勇于探索的优良作风。

二、实习方式

生态学野外教学实习采用参观、野外考察实习与驻地实习相结合的方式进行。

三、实习内容设计

实习内容进行模块化设计，共分实习动员、背景知识、参观与考察实习、基础性实习、研究性实习、调查资料的数理统计分析与应用、专题小论文撰写、实习总结与交流 8 个模块。

模块 1：实习动员

实习前组织参加实习的全体学生和教师召开实习动员会，介绍实习目的、意义和内容，并就实习安全和纪律提出要求，对实习准备工作和行程安排予以说明。

模块 2：背景知识

阐述秦岭和实习驻地概况，以及生态学研究方法与野外取样技术等背景知识。学生在实习前应认真阅读本书相关内容，查阅有关资料，为获得良好的实习效果做好准备。

模块 3：参观与考察实习

生态学实习与秦岭生物学野外综合实习中的植物学和动物学实习同时进行，参观与考察实习为该综合实习的第一项内容。将组织学生和教师参观西北农林科技大学博览园、陕西省珍稀野生动物抢救饲养研究中心、佛坪大熊猫国家级自然保护区和陕西汉中朱鹮国家级自然保护区朱鹮生态园，考察秦岭太白山植被垂直带。参观与考察实习路线为西安→杨凌→周至→太白山→佛坪→洋县。该实习结束后即前往宁陕县旬阳坝镇宁东林场进行驻地实习。生态学参观与考察实习的目的是感受和观察秦岭南、北坡及不同海拔区域的气候、地形地貌、生态环境、植被、主要农作物和生态系统类型的变化，增加对秦岭的感性认识；了解珍稀濒危物种的保护现状、保护工作进展、科学研究状况和成果及存在的问题；领略沿途的自然景观和人文风貌，为顺利开展驻地实习奠定良好基础。

模块 4：基础性实习

教师利用内业时间讲授各项实习内容的原理、方法与步骤、仪器设备使用方法和数据统计分析技术。各小组在教师现场指导下，完成有关基础性实习的各项内容，巩固课堂所学知识，撰写实习报告。基础性实习主要包括群落环境因子观测、种群密度与种群年龄结构调查与分析、静态生命表的构建与分析、种群空间分布格局调查与分析、植物群落的物种组成及物种多样性调查与分析、植物群落相似性分析、植物群落种间关联分析、草本植物和森林植物群落基本特征调查与分析、外来入侵植物调查、底栖大型无脊椎动物调查与河流水质生物学评价、鸟类群落的物种组成与结构调查分析，以及小型兽类数量调查等 13 项内容。目的是使学生掌握最基本的生态学野外调查研究方法与技术。

模块 5：研究性实习

在背景知识学习、参观与考察实习和基础性实习的基础上，各小组独立确定 1～2 个专题研究题目，讨论制定研究方案和实施计划，在教师指导下完成专题研究内容。研究性实习的目的是培养学生独立思考、灵活运用所学知识解决问题的能力，切身体验如何开展科学研究工作。

模块 6：调查资料的数理统计分析与应用

在每项实习内容结束后，需要对调查获得的数据资料进行数理统计分析，以获得科学、准确的结果。本模块要求学生在实习前与实习过程中，认真阅读本书相关内容，学习和掌握样本平均数的显著性检验、方差分析和回归分析等基本的统计分析原理和方法，并能使用 SPSS 统计软件对数据资料进行分析。

模块 7：专题小论文撰写

通过阅读文献、教师讲解和自学，学习和掌握专题小论文的撰写要求与技巧，以书面形式总结研究性实习的成果。

模块 8：实习总结与交流

实习结束后，召开实习总结与交流会，以小组为单位汇报实习成果，交流实习心得。

四、考核与实习成绩评定

根据每个学生在实习中的综合表现、专业能力表现和实习效果进行考核，评定实习成绩。

实习成绩=综合表现(30%)+专业能力(40%)+实习效果(30%)。

综合表现与专业能力成绩评定包括指导教师评定和小组评定两部分,权重各占0.5,计入总成绩。实习效果由指导教师根据实习报告和实习总结评定。实习结束后,每小组要上交完整的野外实习原始数据记录册,每人提交1份实习报告和实习总结。小论文可由几人或小组共同完成一篇。对于质量较高的小论文将推荐公开发表,或登载在《国家基础科学人才培养基金能力提高项目(野外实习)成果集》中。

实习成绩评定表

班级:____________学生姓名:____________实习起讫时间:____________

一级指标	二级指标	考核标准	分值	分值等级(按分值的1.0、0.8、0.6、0.4评定)		评定分值
				小组评定	教师评定	
综合表现30分	思想认识	对实习目的、任务和要求认识明确,态度积极	10			
	行为品质	言谈举止文明得体,乐于助人,团队意识强。工作吃苦耐劳,积极主动。讲究卫生,环保意识强	10			
	组织纪律	遵守校规校纪,不迟到,不无故缺勤,听从指挥,不单独行动,集体观念与时间意识强	10			
专业能力40分	背景与专业基础知识	对背景知识了解透彻,专业知识和相关知识扎实。查阅并准备了相关文献资料	10			
	基本技能	掌握生态学野外调查的基本方法,样地设置、取样、记录、仪器设备使用、数据分析等操作熟练	10			
	野外记录	有完整、规范的野外调查原始记录,记录清晰、准确、无污损	10			
	研究能力	积极思考,能提出问题,在专题研究中能提出研究目标、研究方案和实施计划,贡献大	10			
实习效果30分	实习报告	内容完整、充实,结果分析准确。书写格式规范,条理清楚,语言流畅,图文并茂	10	—		
	小论文	研究目的明确,有一定意义。研究内容具体详实,研究方案正确。结果分析正确,结论明确可靠。论文写作规范	10	—		
	实习总结	在专业知识和能力、个人品质行为修养、对专业和社会责任感的认识等方面的收获与不足进行全面总结	10	—		
课程实习成绩			100			

实习准备工作

一、实习用具

海拔表、地质罗盘、手持式 GPS、地形图、望远镜、照相机、测绳、皮尺、钢卷尺、植物标本夹、枝剪、手铲、小刀、彼得生(Peterson)采泥器(开口面积 10cm×20cm)、40 目筛网、解剖盘、50ml 标本瓶、10%甲醛、70%乙醇、鼠铗、诱饵(常用的有花生米、葵花籽、鲜豆、松籽等)、镊子、棉花、白布袋、捕鼠笼、剪刀、酒精棉球、弹簧秤、标签、铅笔、橡皮、自行车辐条、整套记录表格、笔记本电脑、工具包等。

二、工具书与文献资料

《秦岭植物志》,《生态学野外实习指导》,背景知识文献资料。

三、药品

风油精、清凉油、仁丹、驱蚊花露水、创可贴、医用纱布和胶布、红药水、抗感冒药、止泻药、抗过敏药等。

四、个人日常生活用品

长衣长裤 1 套(运动服或军训服均可),登山鞋 1 双(高帮),防晒帽 1 顶,双肩包 1 个,棉质厚袜 2 双,手套 1 双,水壶 1 个,雨伞 1 把,塑料雨衣 1 件。其他日常生活必需品。

实习纪律要求

生态学野外实习必须遵循秦岭生物学野外综合实习基地关于"一三五二一"管理准则，即"一条纪律、三项注意、五个要求、二种精神和一个保证"。

1. "一条纪律"，即一切行动听指挥。

2. "三项注意"，即注意保持同学之间的团结，注意师生之间的良好互动关系，注意与当地各单位、城镇与乡村居民之间保持友善关系。

3. "五个要求"，即要求学生在野外实习中多看、多听、多记、多问、多思。

4. "二种精神"，即不怕苦、不怕累的精神和集体主义精神。

5. "一个保证"，即人身安全第一的保证。

实习安全须知

在秦岭野外驻地实习过程中，根据安全事故发生的直接起因，可将潜在的安全隐患及其应急处理方法分为以下几类，供参考。

一、自然灾害类

由于实习正值当地高温多雨季节，人员易中暑，雷电、山洪、泥石流和岩石崩塌等自然灾害的发生概率也较大。

1. 中暑：中暑的症状是头晕、头痛、恶心、呕吐、浑身无力，严重时手脚抽筋、心跳加快、呼吸困难、面色苍白、体温升高，甚至昏迷、休克。如果实习过程中发现有人出现中暑症状，应先将其安置在阴凉通风处，解开衣扣散热，不要围观，并服用几粒仁丹或在额角抹一点清凉油、风油精等，以缓解或减轻症状。如果症状得不到缓解或发生严重中暑，应立刻组织人力送旬阳坝镇卫生院治疗。

2. 雷电：在野外实习中，如遇雷电，应迅速远离高大孤立的树木、电线杆、变压器、铁栏杆、输电线路塔架和无线通讯塔架；如果正处空旷之地，人员应迅速分散，并在地势低洼处下蹲、两腿并拢抱膝，披上塑料雨衣，切忌平躺在地面上。一旦有人遭雷击，对轻伤者，应立即将其转移至附近避雷处休息，然后送当地卫生院治疗；对于重伤者，应立即拨打当地卫生院电话和 110，并不间断地进行人工呼吸和心肺按压复苏抢救，等待医生和警车到场。

3. 山洪、泥石流和岩石崩塌：实习地区位于秦岭南坡中低山河谷区，降水充沛，年降水量最多达 1423mm，历年单日最大降水量可达 99.7mm，且夏季降水占全年的 46%，较易发生连阴雨、暴雨等天气，极有可能引发山洪、泥石流和岩石崩塌灾害。避免遭遇山洪、泥石流和岩石崩塌危害的最稳妥办法是在暴雨或连日降雨的情况下，不要外出实习，教师可安排内业实习任务。如在野外实习时突遇大雨或暴雨，应中断实习，收拾实习用具，清点人数，远离河道，返回驻地。如因上游降水导致河流快速涨水，可能阻断回程时，不要惊慌，应迅速过桥，并远离河道。但在河水接近甚至越过桥面时，应迅速离开河道，另寻高大桥梁过河。在行进途中，如遇泥石流、岩石崩塌时，不可尝试通过，应立即后退至安全地带或绕道继续行程或原路返回。凡是因上述原因受困时，应寻找安全地带，按照胸牌电话联系实习队负责教师，等待救援，不要四处走动。

二、野生动植物伤害类

1. 蛇咬：野外实习时，应穿长衣长裤和高帮鞋并扎紧裤腿，在林内或狭窄的小路行进及在群落内布设样方时，先手持一根长木棍拨打前方和周围的灌草丛以“打草惊蛇”，特别是走在队伍前方的带队者要保持高度警惕性。遇蛇时，不要惊慌大叫，应镇定不动，或缓慢后退绕开。蛇除非感到受攻击威胁，一般也会自动离开。如果被蛇咬伤，应迅速扎紧伤口近心端，并立即将伤者送当地卫生院救治。

2. 蜂蜇：野外实习中常遇蜂蜇事件，特别是栖息于树木或地面枯枝落叶层中的野蜂，对人的伤害较大，严重时会致死。因此，实习时要注意观察，如遇蜂巢，不可惊扰，要绕道前行，更不能在蜂巢附近布设样方。如因不慎误触或踩踏蜂巢而受群蜂攻击时，应迅速离开蜂巢附近，并立即用雨衣、书包等物品将头、颈、面部包裹，下蹲或蜷曲卧于地面，待蜂群散后再离开。如被蜂蜇，且伤口处留有蜇刺，应立即拔除，并用冷水冲洗、冷敷，不要挤压伤口。如果出现伤处剧痛、头昏等症状时，应立即送当地卫生院治疗。

3. 蚂蟥叮咬：蚂蟥常栖居在林内潮湿的生境中，当人触碰到附有蚂蟥的树木枝条、草丛或腐烂的枯枝落叶，就会附着在人身上，并叮咬皮肤、吮吸血液。因蚂蟥咽部分泌液有抗凝血作用，伤口流血较多。野外实习时，应注意防护，穿长衣长裤和高帮鞋，并扎紧裤腿、领口和袖口。如发现蚂蟥叮咬吸血，不要强行拉扯，以免吸盘断入皮内引起感染。正确的做法是用手连续拍击，使其自行脱落，然后在伤口涂抹红药水预防感染即可。若出血不止，可用无菌敷料加压包扎。

4. 植物“咬伤”：实习地区多漆树、蔷薇、悬钩子、荨麻等容易导致过敏或被刺受伤的植物，还有一些有毒大型真菌。因此，实习过程中，要避免用手接触漆树。在样方取样测定时要戴手套，注意植物是否有刺。不要采食不认识的蘑菇和野果，以免中毒。一旦接触漆树，或误食有毒蘑菇或野果，应立即就医诊治。

三、个人行为和管理失当类

野外实习，学生好奇心强，冒险行为较多。加之人数众多，环境不熟，个别学生组织纪律观念不强，不遵守规定，私自行动，管理难度较大，稍有松懈就容易引起安全问题。为此，必须严格遵守“一切行动听指挥”的实习纪律，同时注意以下点。

1. 带队教师和同学要坚决制止个别学生的私自行动和冒险行为，如脱离实习小组外出游玩，下河洗澡、游泳，弃现成山路独辟山林“捷径”，独立崖边，攀爬巨石等。

2. 外出实习途中，不管是在公路或是山间，行进时应保持“一”字纵队，前有带路者，后有压阵者，速度适中，预防有人掉队。出发和到达目的地时都要清点小组人数。

3. 在公路行进时，要靠路边“左行”，即与机动车辆相向而行，以便随时观察车辆动向。杜绝打闹嬉戏行为，确保行进安全。

4. 实习中，带队教师要密切注意学生体力情况，对于体力不佳或有高山反应者，应安排其暂时休息，或派专人照顾，或尽快送回驻地休息、就医。

第一部分　背景知识

I 秦岭概况

一、秦岭的地理位置、气候和生态环境

（一）地理位置与范围

秦岭是我国中部东西走向的巨大山脉，其主体横亘于陕西省南部，主峰太白山位于秦岭山脉中段，海拔3767.2m，是我国青藏高原以东大陆的最高山峰（聂树人，1981）。秦岭山体巨大，山势西高东低，北仰南俯。西段海拔一般为2000～3000m，东段海拔一般在2000m以下（聂树人，1981）；北坡极为陡峻，坡谷至岭脊的水平距离平均约50km，南坡缓长，坡谷至岭脊的水平距离平均100～150km（康慕谊和朱源，2007）。

目前有关秦岭的地理范围存在3种认识。

1. 广义的秦岭

广义的秦岭西接昆仑山脉，一直向东延伸，其东北至河南伏牛山后逐渐向华北平原隐伏，其东南绵延至鄂豫皖及蚌埠附近的张公山，北至渭河以南，南至汉江以北，东西长1600km，南北宽约300km（沈茂才，2010）。

2. 狭义的秦岭

狭义的秦岭西起甘肃的临洮，东至河南伏牛山，北至秦岭北坡坡脚线，南至汉江北岸，东西长约800km，南北宽约200km（沈茂才，2010）。

3. 陕西段秦岭

陕西段秦岭指陕西境内的部分，是秦岭的主体和代表性部分（图0-1）。以太白山为主峰，分为东西两部分。东秦岭由太白山向东延伸至商洛市，山势逐渐变缓，从北向南有华山、蟒岭、流岭、新开岭等，山岭之间为红色断陷盆地和河谷平原，如石门盆地、商丹盆地、商南盆地、洛南盆地、山阳盆地等。盆地大都有两级阶地，是农业生产中心，阶地后缘为波状起伏的丘陵。西秦岭自太白山向西分为三支，由北而南为南岐山、凤岭和紫柏山，山势由北向南降低，山地之间分布着太白盆地、凤州盆地、香泉盆地等。太白以南至洋县之间，层峦叠嶂，有“九岭十八坡”之称（雷明德等，1999）。

（二）气候

秦岭山脉位于中纬度地区，受大陆性气候和季风性气候的双重影响。由于其山体巨大，东西绵长，对来自北方和南方的冷暖气流都有阻挡作用，使秦岭南北坡

的水热条件差异明显。秦岭南坡为北亚热带气候，北坡属暖温带气候。

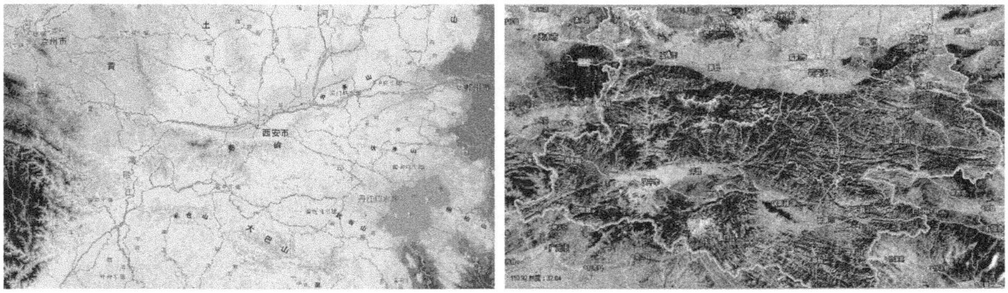

图 0-1　陕西段秦岭地理位置与范围

1. 温度

整个秦巴山区年平均气温 12～15℃，最热月 7 月平均气温 23.4～26.7℃，最冷月 1 月平均气温 0.0～3.6℃，≥10℃的积温 3812～5537.4℃（任志远和李晶，2003）。秦岭以北的关中地区平均气温 11～13℃，以南地区普遍在 14～16℃以上。秦岭山地为陕西省年平均温度最低区，多低于 6℃（雷明德等，1999）。南坡年平均气温比北坡高 2～4℃，1 月南坡比北坡高 4～5℃，7 月南北坡气温相差很少（陈明荣，1983；张胜利和崔云鹏，2007）。

秦岭山脉高峻，随着海拔上升，气温平均以 0.53～0.61℃/100m 的递减率降低，表现出明显的垂直温度带（陈明荣，1992）。受地形和距离海洋远近的影响，秦岭东、西段的温度条件存在差异，东段年平均气温比西段高 2～4℃（陈明荣，1983）。

2. 降水

秦岭以北至陕北延河以南地区年降水量为 500～700mm，秦岭山区多在 900mm 以上（雷明德等，1999），秦岭山地、汉江河谷盆地和大巴山山地年平均降水量 709.5～1400mm（任志远和李晶，2003）。

降水主要集中在夏、秋两季，尤其在夏季，南坡为向风坡，东南、西南暖湿气流到达南坡后沿坡面上升形成大量降水，6～9 月的月平均降水量超过 100mm，整个夏季南坡降水量平均比北坡多 100～200mm；而冬季，北坡是向风坡，其降水量比南坡平均多 15mm。北坡年平均降水量 600～800mm，南坡则达 800～1200mm，局部区域雨季多突发性大暴雨，易造成滑坡和泥石流灾害（张胜利和崔云鹏，2007）。南坡全年的平均降水量比北坡多 200～400mm（傅抱璞等，1983）。

受地形和距离海洋远近的影响，秦岭东、西段年降水量不同，东段比西段高 100～200 mm（陈明荣，1983）。降水量也因海拔差异而不同。夏季，南、北坡的最大降水量分别在海拔 1350m 和 1900m 处，而冬季分别在 2900m 和 2500m 处（傅抱璞等，1983）。

3. 近50年气候变化趋势

气候变化是近年来全世界关注的重大问题。在全球气候变化研究中，由于脆弱生态区和自然地理区域过渡地带抵抗外部干扰的能力差，对气候环境的变化更为敏感。秦岭北仰南俯，地处暖温带和亚热带的生态过渡带。在全球变暖大背景下，研究和认识秦岭地区气候变化的趋势对地区社会经济发展和生态环境的保护具有重要意义。

研究表明，1959～1999年的40年间，秦岭的气候变化与中国气温的变化呈现高度相关性，但对秦岭南北坡的影响不同(延军平和郑宇，2001)。尽管秦岭南北地区的气候具有同步变化的趋势，气温普遍上升，降水逐渐减少，气候暖干化特征明显，但陕南地区年平均气温由13.7℃上升为14.2℃，多年平均降水量由900mm下降为800mm；关中地区年平均气温由13.1℃上升为13.7℃，多年平均降水量由600mm下降为500mm。秦岭南北地区干旱系数(降水量与蒸发量的比值)也同步下降，特别是20世纪80年代以来，陕南地区由0.9下降为0.6，由湿润区变为微湿润区，关中地区由0.45下降为0.3左右，干旱程度增加。与此同时，秦岭南北汉江与渭河两条河流径流量也呈同步减少趋势，且二者的差值由20世纪50年代的$500m^3/s$减小到90年代的$300m^3/s$。渭河径流系数(径流量与降水量之比，指示一个地区环境的湿润程度)由0.2下降为0.1以下，约减少50%；汉江径流系数由0.6下降为0.5以下，约减少17%。

也有研究显示(高翔等，2012)，近50年(1959～2009年)秦岭南北坡的气温变化具有不同的特征，总体上呈增加趋势，北坡气温倾向率为0.24℃/10年，南坡为0.15℃/10年，北坡气温增加幅度大于南坡；20世纪80年代中期以后，北坡地区气温增加更为显著，倾向率高达0.74℃/10年。但近15年来，秦岭南北坡年平均降水量又有所增加，且北坡降水量增加更快(230.4mm/10年)，说明秦岭北坡地区的气候又有暖湿化趋势。

(三) 生态环境特征

1. 秦岭的分界作用

秦岭是中国南北地质、气候、生物、水系、土壤五大要素的天然分界线和交汇带。秦岭山地长期以来被认为是中国东部重要的南北生态分界线，即亚热带和暖温带的分界线。关于这条分界线的划分有3种意见：秦岭北麓、秦岭主脊和秦岭南麓，3种划分都是基于秦岭是亚热带与暖温带分界线的假定(康慕谊和朱源，2007)。应俊生等(1990)认为秦岭的植物区系和植被具有明显的温带性特点，将秦岭作为暖温带和温带植物的分界线，似更符合实际情况。这意味着秦岭究竟是作为亚热带与暖温带的分界线还是作为暖温带和温带的分界线，也有不同认识。康慕谊和朱源(2007)通过对秦岭地区气候-植被参数等值线的分布、秦岭不同区域植物区系组成变化及秦岭南北坡植被垂直带谱的比较分析，认为秦岭山地南北生态分界线的准确位置应该在南坡海拔 1000m 等高线附近。

尽管在秦岭分界线具体位置划分上的争论还将持续下去，但秦岭的分界作用是真实存在的，而且在全球气候变暖过程中的区域气候响应特征（延军平和郑宇，2001；高翔等，2012）上也得到了印证。正是由于此分界作用，秦岭南北两侧的生态环境存在很大差异。

（1）南北气候差异

根据前述内容可知，秦岭南北的气候存在很大差异。由于秦岭山地的屏障作用，南坡年平均气温比北坡高 2～4℃（陈明荣，1983；张胜利和崔云鹏，2007），全年平均降水量比北坡多 200～400mm（傅抱璞等，1983）。秦岭以南为亚热带湿润季风气候，秦岭以北属暖温带半湿润-半干旱季风气候。这种格局是历史上气候多次冷暖交替变化和造山运动的结果。在现今位于秦岭以北西安市东郊灞桥区浐河东岸的半坡原始村落遗址（距今 6000～7000 年，属新石器时代仰韶文化）发现有竹鼠等亚热带动物的遗骨，以及貘、犀牛、大象等亚热带动物出没的遗迹，说明当时秦岭北坡的气候比现在温暖湿润，属于亚热带气候。从公元前约 3000 年到公元 14 世纪，温暖期和寒冷期各有 4 次，总的趋势是温暖期越来越短，而寒冷期越来越长。最近一次寒冷期从 14 世纪一直持续到 20 世纪，历经约 700 年。由于寒冷期的增长，秦岭北坡由原来属于亚热带的气候特征，逐渐变化形成温带气候特征（应俊生，1994）。

（2）南北水系差异

秦岭山地是重要的分水岭，秦岭以北属黄河水系，以南大部分地区属长江水系，发育着众多河流，水资源丰富。受地质构造和地形的影响，秦岭南坡的河流流程长，流速缓；北坡河流流程短，流速急（张伯声，1964）。在秦岭南坡，汉江、嘉陵江、丹江水源充沛，水系流域面积占陕西省总土地面积的 35.2%，地面水多年平均径流量 312.5 亿 m^3，占陕西省地面水多年平均径流量 425.8 亿 m^3 的 73.4%；地下水资源量 61.29 亿 m^3，占陕西省地下水资源量 143.8 亿 m^3 的 42.6%（张胜利和崔云鹏，2007）。秦岭北坡是横贯关中平原东西向的黄河一级支流——渭河及其南岸众多支流的发源地，渭河水系面积占秦岭山地面积的 24%（刘康等，2004）。

（3）南北土壤差异

秦岭南北坡的土壤存在明显差异。南坡地带性（基带）土壤为黄褐土，北坡则为褐土。秦岭山地具有明显的土壤垂直带（席承藩，1987）。傅志军（2004）对秦巴山地土壤地带性特征的对比分析能够说明秦岭山地土壤的南北差异（表 0-1）。

表 0-1　秦岭土壤垂直地带性(傅志军,2004)

北坡				南坡			
土壤类型	海拔/m	气候	现存植被	土壤类型	海拔/m	气候	现存植被
褐土	<1300	暖温带半湿润	农田、栓皮栎林、杂木林	黄褐土	<1000	北亚热带、暖温带	农田、常绿落叶阔叶混交林
山地棕壤	1300～2500	暖温带、温带	落叶阔叶栎林	山地黄棕壤	1000～1500	暖温带	落叶常绿阔叶混交林
山地暗棕壤	2400～3100	温带、寒温带	桦木林和冷杉林	山地棕壤	1400～2650	暖温带、温带	落叶阔叶栎林
山地草甸森林土	3000～3400	寒温性冷湿	落叶松林、落叶松与冷杉混交林	山地暗棕壤	2500～3200	温带、寒温带	桦木林和冷杉林
亚高山草甸土	3300～3767	亚寒带	灌丛草甸	山地草甸森林土	3100～3450	寒温性冷湿	落叶松林、落叶松与冷杉混交林
				亚高山草甸土	3350～3767	亚寒带	灌丛草甸

资料来源:傅志军,2004

土壤类型在山地垂直空间的分布受生物与气候条件的共同影响,由北向南,土壤垂直带谱越完整,同类土壤分布的海拔高度逐渐增高。北坡和南坡的基带土壤褐土与黄褐土,分别是关中地区和陕南地区的重要农业土壤。它们都是在长期的农耕活动下形成的熟化盖层,而自然褐土层和自然黄褐土层都被埋在熟化盖层之下。黄褐土是亚热带红、黄壤向暖温带褐土过渡的土类,因而有黄壤和褐土特征。从陕南大巴山到秦岭南坡,土壤的黄壤化特点减弱,而褐土化特点增强,至秦岭北坡变为褐土,说明秦岭不仅是我国暖温带与北亚热带的分界线,也是我国水旱两季农作物的分界线(傅志军,2004)。

(4) 南北生物区系差异

秦岭山地是重要的生物地理分界线,秦岭以北广泛分布着暖温带落叶阔叶林和古北界动物,而秦岭以南则分布着北亚热带落叶阔叶-常绿阔叶混交林以及东洋界的动物。植物区系方面,秦岭是东亚两大植物区系(中国—日本森林亚区和中国—喜马拉雅森林亚区)的交汇处,兼有中国南北植物区系成分。应俊生(1994)的研究表明,秦岭是我国温带植物区系最丰实的地区之一,植物区系中各大科(如菊科、禾本科和蔷薇科)、主要植物群落优势种,如栓皮栎(*Quercus variabilis*)、锐齿栎(*Quercus aliena* var. *acuteserrata*)、辽东栎(*Quercus wutaishanica*)、红桦(*Betula albo-sinensis*)、糙皮桦(*Betula utilis*)、太白红杉(*Larix chinensis*)、巴山冷杉(*Abies fargesii*)、头花杜鹃(*Rhododendron capitatum*)、杯腺柳(*Salix cupularis*)等和组成种类均具有温带性质,温带属性在整个植物区系中占主导地位,植物区系和植被具有明显的温带性特点，并以中国—日本森林植物区系为主体。

动物区系方面，秦岭是我国古北界与东洋界动物区系的分界线与交汇过渡地带。郑哲民(2011)对秦岭及大巴山地区蝗虫地理分布的研究表明，这一地区的蝗虫呈现东洋区和古北区种类混杂过渡的状态；自秦岭北坡以北，具东洋区亲缘的种类逐渐减少，而秦岭南坡以南，特别是大巴山地区，具古北区亲缘的种类亦显著减少。郑作新等(1962)对秦岭和大巴山地区的鸟类区系调查共发现13目39科220种，其中，鹭科(Ardeidae)、鹎科(Pycnonotidae)、卷尾科(Dicruridae)、画眉科(Timaliidae)、啄花鸟科(Dicaeidae)、太阳鸟科(Nectariniidae)等科在秦岭南北地区的分布明显不同。由于秦岭南北坡气候和植被的差异，对南方种类从南向北的扩展上起到"障壁"作用。这些种类中凡是留鸟，除广布种外，在低山区大多为具有东洋界亲缘的种类；中山区有些为东洋界鸟类，有些为古北界鸟类；在高山区则几乎全部为具有喜马拉雅区系或古北界区系亲缘的种类。秦岭北坡两栖动物缺乏东洋界代表动物，如泽蛙(*Rana limnocharis*)、合征姬蛙(*Microhyla mixtura*)及锄足蟾科(Pelobatidae)种类，南坡东洋界成分多于北坡，同时南北坡两栖动物区系组成基本一致，南坡有少量古北种，如北方狭口蛙(*Kaloula borealis*)，而北坡有东洋种渗入(梁刚，1998)。曾治高等(2005)对秦岭牛背梁自然保护区食肉目和偶蹄目动物的区系特征分析表明，18种兽类中属东洋界的有12种，占66.7%，属古北界的仅1种，占5.6%，5种为广布种，占27.8%，从秦岭南坡至北坡，属东洋界分布型的兽类比例在减少，古北界分布型的比例在增加(17.7%增至26.7%)。

2. 秦岭的自然环境背景值

秦岭山地的自然生态环境目前总体上处于良好状态，特别是在植被覆盖率高的区域，空气质量良好，在海拔1500m以上地区，人类活动较少，空气质量均在Ⅰ级，在此海拔以下河谷地区，会出现Ⅱ级空气质量。河流水质状况尚好，尤其河流上游区段，没有污染，而下游及出水口地段存在污染，水质降低。

对秦岭太白山国家级自然保护区(总面积56 325hm^2)进行的综合考察表明，保护区内主要土壤类型、各植被带建群种和优势种的15种化学元素背景值全在正常范围内，天然水体的7种化学元素含量中，有7个样品的汞元素偏高，其余元素也均在正常范围内。这7处地表水质量略高于国家Ⅲ类水质，可能与汇水区地质环境有关(任毅等，2006)。这次综合考察的结果还表明保护区山地森林生态系统完整性、稳定性好，生物多样性丰富，森林覆盖率高达80.7%，生态功能显著(任毅等，2006)。

3. 目前存在的主要生态环境问题

从1965年建立太白山自然保护区开始，截至2012年底，陕西段秦岭地区共建有国家级和省级自然保护区27个，其中国家级9个，省级18个，总面积517 751hm^2，占陕西省国家级和省级自然保护区数量的47.3%。保护区类型主要为野生动物、森林生态系统和内陆湿地保护区(表0-2)。近年来，陕西省还相继建立了秦岭国家植物园、黑河森林公园、朱雀森林公园等生物多样性保护区，同时还建设了一批市、县级自然保护区，已形成秦岭自然保护区群和生态保护网络的基本构架。这将使秦岭的生物多样性资源得到有效保护，对于实现地区生态环境的良性循环和健康发展，维护地区乃至国家的生态安全，保障国民经济和社会的可持续发展具有重大战略意义。

表 0-2　截至 2012 年底陕西段秦岭自然保护区名录

序号	保护区名称	行政区域	面积/hm^2	主要保护对象	类型	级别	始建时间	主管部门
1	周至	周至县	56 393	金丝猴等野生动物及其生境	野生动物	国家级	19880509	林业
2	太白湑水河	太白县	5 343	大鲵、细鳞鲑、哲罗鲑等水生动物	野生动物	国家级	19901126	农业
3	太白山	太白县、眉县、周至县	56 325	森林生态系统、大熊猫、金丝猴、扭角羚等濒危动物	森林生态	国家级	19650909	林业
4	长青	洋县	29 906	大熊猫、扭角羚、林麝等珍稀动物及其生境	野生动物	国家级	19940101	林业
5	汉中朱鹮	洋县、城固县	37 549	朱鹮及其生境	野生动物	国家级	19830101	林业
6	桑园	留坝县	13 806	大熊猫及栖息生境	野生动物	国家级	20020826	林业
7	佛坪	佛坪县	29 240	大熊猫、金丝猴、扭角羚等野生动物及森林生态系统	野生动物	国家级	19781215	林业
8	天华山	宁陕县	25 485	大熊猫、金丝猴、扭角羚等野生动物及其生境	野生动物	国家级	20020801	林业
9	牛背梁	柞水县、西安市长安区、宁陕县	16 418	扭角羚等珍稀动物及其栖息地	野生动物	国家级	19880509	林业
10	老县城	周至县	12 611	大熊猫及其生境	野生动物	省级	19930101	林业
11	周至黑河湿地	周至县	13 126	湿地生态系统	内陆湿地	省级	20060101	林业
12	黑河珍稀水生野生动物	周至县	4 619	秦岭细鳞鲑、大鲵、水獭等珍稀野生动物及其栖息地	野生动物	省级	20120101	农业
13	牛尾河	太白县	13 492	大熊猫、金丝猴等野生动物	野生动物	省级	20040101	林业

续表

序号	保护区名称	行政区域	面积/hm^2	主要保护对象	类型	级别	始建时间	主管部门
14	黄柏塬	太白县	21 865	大熊猫为主的野生动物资源	野生动物	省级	20060101	林业
15	汉江湿地	勉县、汉中市汉台区、城固县、西乡县	33 605	湿地生态系统	内陆湿地	省级	20091216	林业
16	略阳大鲵	略阳县	5 600	大鲵及其生境	野生动物	省级	20060101	林业
17	宝峰山	略阳县	29 485	扭角羚为主的珍稀动植物	野生动物	省级	20020801	林业
18	留坝摩天岭	留坝县	8 520	大熊猫、扭角羚等珍稀动物及栖息地	野生动物	省级	20020801	林业
19	佛坪观音山	佛坪县	13 534	大熊猫等珍稀动物及其生境	野生动物	省级	20020801	林业
20	皇冠山	宁陕县	12 372	大熊猫及其栖息地	野生动物	省级	20010401	林业
21	宁陕平河梁	宁陕县	15 578	大熊猫、扭角羚、金丝猴、林麝等野生动物	野生动物	省级	20060101	林业
22	洛南大鲵	洛南县	5 715	大鲵及其生境	野生动物	省级	19990401	其他
23	丹江武关河	丹凤县	9 029	大鲵、水獭等珍稀野生动物及其生境	野生动物	省级	20100101	农业
24	新开岭	商南县	14 963	豹、云豹、珙桐等野生动植物	森林生态	省级	20040101	林业
25	天竺山	山阳县	21 685	金钱豹、金雕、白肩雕等野生动物	森林生态	省级	20040101	林业
26	鹰嘴石	镇安县	11 462	扭角羚、云豹等野生动物	野生动物	省级	20040101	林业
27	东秦岭地质剖面	柞水县、镇安县、周至县	25	泥盆系地质剖面	地质遗迹	省级	19900101	国土

资料来源：中华人民共和国环境保护部官网：http://sts.mep.gov.cn/zrbhq。有删节

由于历史原因及当前社会经济发展与生物多样性资源保护之间存在的矛盾一时难以很好解决，在秦岭地区的中低山及河谷盆地，由于人类的社会和经济活动影响日益强烈，生态环境的退化趋势仍令人担忧。突出表现在以下几方面。

(1) 森林面积下降，水土流失加剧

有研究表明，秦岭山地的林缘较20世纪50年代后退了10～20km，森林分布的下限上升了300～500m，尤以秦岭北坡最为突出。目前该区的坡耕地中有一半是毁林开荒形成的。森林破坏最直接和明显的后果就是增加土壤侵蚀，加剧山区

的水土流失。陕西省在近30年新增水土流失面积1.2万km^2，其中50%以上分布在秦岭地区（刘康等，2004）。

植被—土壤是具有密切相互作用关系的共存体，植被破坏引起的严重土壤侵蚀将彻底破坏陆地生态系统赖以存在的基础。土壤侵蚀是秦岭地区主要的生态环境问题之一。张光超等（2003）对陕西秦岭国家级生态功能保护区土壤侵蚀的遥感分析认为，秦岭山地的强度水力侵蚀[侵蚀模数＞5000t/（km^2·年）]主要发生在谷地和坡地，土地利用以耕地为主，坡度一般为15°～25°，局部地区大于25°；中度水力侵蚀[侵蚀模数2500～5000t/（km^2·年）]地貌为低山丘陵区下部，土地利用方式为牧草地、疏林地或耕地，特别是耕地（坡度一般为8°～15°）的土壤侵蚀作用明显增强；而在海拔1500m以上的中高山针叶林、灌丛草甸和中山针阔叶混交林，水力侵蚀较弱。显然，秦岭水土流失加剧的状况与长期以来人口数量不断增加、毁林开荒、森林面积逐步减少、耕地面积增加，特别是大于25°坡耕地面积的增加有直接关系。孙华等（2010）的研究表明，在秦岭南坡退化最严重的植被类型是草灌丛，同时落叶阔叶林也已遭到一定程度的破坏，并存在潜在退化的危险。而这两种植被类型的分布区恰好都是人口密集区。因此，在全球变化的大背景下，减少人为破坏，尽快恢复自然植被，至少能避免区域环境变化和人为影响对植被覆盖度下降的双重效应。

（2）*秦岭南坡河谷盆地水环境恶化*

秦岭陕西段河谷盆地主要包括汉中、安康、西乡、凤县、太白、石泉、商州和洛南盆地等。盆地内人口密集，是陕南主要的工农业基地，城乡工业、生活废污水排放量大，对水系水质污染严重。目前，丹江干流、汉江干流及嘉陵江水质多为Ⅲ类或Ⅳ类。丹江流域的水污染综合治理已引起国家高度重视（张胜利和崔云鹏，2007）。

（3）*秦岭北麓主要河流水质降低*

蒋建军和冯普林（2010）对秦岭北麓18条主要河流的水质评价表明，有6条河流达到国家《地表水环境质量标准》Ⅱ级标准，7条河流达到Ⅲ级标准，2条河流为Ⅳ级标准，3条为劣Ⅴ类标准。这说明适于居民作为饮水和生活用水水源的河流占76.5%（Ⅱ级和Ⅲ级），其余23.5%的河流已不适于居民作为饮水和生活用水水源，只能用于工农业用水及景观要求等水域。劣Ⅴ类水质的河流（占17.6%）已基本丧失使用功能，但仍将对流域内的土壤形成污染，并对水生生物造成直接毒害。河流水质降低必然影响饮用水水源质量，同时又加剧了普遍存在的水资源短缺的负面效应，无疑是对水资源的巨大浪费。要改善水环境，一方面应治污减污，消除污染源；另一方面应大力恢复植被，增加水源涵养功能，保持河流具有相对稳定的流量和自净能力。

（4）*农业面源污染加剧*

秦岭地区局部区域水环境恶化、河流水质降低除与工业企业和城镇污水排放有关外，还与区域内农业生产引起的农业面源污染有直接关系。长期不合理施肥不仅使地表水受到污染，也使地下水受到污染。秦岭北麓周至、户县及长安3个县区是关中地区重要的粮食生产基地，农田施肥水平较高。自1980～2009年，农田化肥和有机肥的投入量均呈增加趋势，但化肥投入量占养分投入总量的比例由47.2%增加到75.4%，有机肥投入量比例却由34.8%减少到18.8%。农田土壤中氮素一直处于盈余状态，磷也由亏缺转向明显盈余，无疑会增加这一地区农业面源污染的风险，应采取"减氮、控磷、增钾"的措施，以控制农田土壤氮、磷盈余的问题（戴相林等，2012）。陕南地区农业面源污染也不容忽视。由于盆地内农业生产条件较好，化肥和农药使用量大，当发生较强降雨时，土壤中的污染物经地面或地下土层和泥沙一起进入水体，造成水体污染（张胜利和崔云鹏，2007）。

从生态学的观点来看，施肥引起农田土壤中氮、磷的大量盈余实际上是人为引起氮、磷沉降的一种重要形式，而氮、磷沉降已成为生物地球化学循环的一个重要组成部分。作为营养源，氮、磷沉降数量的急剧增加将严重影响陆地及水生生态系统的生产力和稳定性，并污染土壤和水体环境，造成土壤有机质含量下降，土壤板结，最终对农田生态系统及当地的生物多样性格局造成负面影响。

（5）生物入侵

一种生物以任何方式传入原产地以外地区，并且定居形成自然种群，就被称为"外来种"(exotic species)。而在入侵地迅速扩张，并对当地的生态环境、种植业、养殖业及人类健康产生危害的外来种就称为外来入侵种(alien invasive species, AIS)(Mack et al.，2000；Kolar and Lodge，2001)。随着全球化进程的加快，生物入侵已成为当前一项重大的全球环境问题，是仅次于生境破坏而威胁全球生物多样性的第二位因素。生物入侵会改变当地生态系统的结构和功能，造成生态系统退化，降低生态系统服务功能，对土著物种形成强大竞争压力，占据其生境，与亲缘关系接近的土著物种杂交，降低土著物种的遗传质量，威胁基因库，干扰其繁殖，甚至引起土著物种的局域灭绝（徐海根和强胜，2011）。外来入侵种每年在全球造成1.4万亿美元的经济损失，我国也因入侵种每年蒙受2000亿元的损失（国家自然科学基金委员会和中国科学院，2012）。

2008年6月至2010年8月进行的第二次全国外来入侵生物调查，共查明488种外来入侵生物，其中植物265种（占54.30%），动物171种（占35.04%），菌物26种（占5.33%），病毒12种（占2.46%），原核生物11种（占2.25%），原生生物3种（占0.61%）。265种外来入侵植物隶属56个科，菊科物种数最多，达59种，其次为禾本科，36种。种数较多的还有豆科35种，苋科15种，柳叶菜科12种，茄科11种，十字花科9种。在中国，外来入侵植物中，一年生草本植物占52.01%，多年生草本植物占28.86%。草本植物占外来入侵植物种数的4/5以上，木本植物、水生植物和藻菌植物仅占约1/5。在173种外来入侵动物中，昆虫纲93种，鱼纲31种，线虫纲8种，腹足纲9种，双壳纲6种，爬行纲、哺乳纲、软甲纲各5种，两栖纲3种，瓣鳃纲、蛛形纲和鸟纲各2种，海鞘纲和海胆纲各1种。陆生植物是中国外来入侵生物中最大的生态类群，达 252 种，占 51.64%；其次是陆生无脊椎动物，为 104 种，占 21.31%；菌物、病毒、原核生物和原生生物有 52 种，占 10.66%（徐海根和强胜，2011）。

陕西省有外来入侵生物 96 种（徐海根和强胜，2011）。西安地区（包括长安、户县、周至、蓝田、临潼、高陵、霸桥和阎良等县区）有“中国重要外来有害植物”68 种，隶属 20 科，其中菊科种类最多，有 14 种，其次是禾本科和豆科，各有 10 种。对西安地区有入侵行为的 46 种外来植物大部分为草本植物，基本上属于田间杂草，还包括 1 种被列为中国检疫杂草，即毒麦（*Lolium temulentum*）（祁云枝等，2010）。

秦岭同样面临着日益严重的外来物种入侵问题。通过文献比较，作者发现在实习驻地有 10 余种外来入侵植物（附录一）。其中，粗毛牛膝菊（*Galinsoga quadriradiata*）在大巴山北坡的镇坪县、平利县，以及秦岭中段南坡的宁陕县、秦岭北坡的西安市长安区（田陌等，2011）、秦岭西段南坡的甘肃省文县（刘培亮等，2013）都有分布，分布海拔在 667m（长安区祥峪）至 1982m（平利县化龙山三岔河），并对入侵地的农业生产和生物多样性造成了很大威胁（田陌等，2011；刘培亮等，2013）。王伟和逯艳婷（2012）在宁陕县旬阳坝地区的调查显示，粗毛牛膝菊入侵不同海拔的各类农田后，显著降低了农作物产量，并引起物种多样性下降近 50%。粗毛牛膝菊是遍布全球大部分温带、暖温带和亚热带地区撂荒地或农田的重要农业入侵杂草（汤东生等，2012），目前已分布到我国 13 个省区（田陌等，2011；徐海根和强胜，2011；何家庆，2012；齐淑艳等，2012；刘培亮等，2013）。

(6) 景观破碎化

景观破碎化（landscape fragmentation）是指由于自然或人为因素干扰导致景观由单一、均质和连续的整体趋向于复杂、异质和不连续的斑块镶嵌体，表现为景观的分割、碎裂、缩小和消失等空间变化过程。生态系统是景观单元的镶嵌体，景观单元的个体行为和镶嵌体综合特征（如面积大小、连接度等）决定着生态系统的结构和功能。景观破碎化将在大尺度上影响生物多样性、物种分布、物种活动状况和许多生态过程。

长期的采伐和开荒等人类活动使秦岭的森林植被受到破坏，原本连接的森林地带被割裂，许多优质的动物栖息地曾一度消失或退化，变成了分散的“山岛”。秦岭自然保护区群和生态保护网络的建立，天然林保护、退耕还林及生态移民等工程的实施将使景观破碎化的趋势得以遏制，大量珍稀濒危物种的栖息地、生态走廊及基因交流得以恢复。但由于各保护区始建时间的不同，进行有效保护的时间也不同，加之近年来公路、铁路网的急剧扩展，景观破碎化的因素依然存在。张爽等（2004）的研究发现，分别于 1978 年、1994 年和 2002 年建立的佛坪、长青和观音山大熊猫自然保护区中，保护时间长，大熊猫活动痕迹点密度高的佛坪自然保护区也正是人类活动少、大熊猫最喜爱的森林和箭竹林景观大面积连续分布、生境较为完整的区域，而在保护时间短，生境较为恶劣、各景观要素斑块细碎的地区，以及距离农田和居民点较近、人类活动较频繁、干扰较多的观音山自然保护区，大熊猫活动痕迹点密度相对较低。观音山保护区建立于2002年，生境还没有得到恢复，加上当地仍有砍伐、开荒、采药等活动存在，保护区内大部分地区景观斑块形状较为简单，景观破碎化程度较为严重(张爽等，2004)。

目前在秦岭地区已形成较为密集的交通网，铁路有宝成、西康和西南(阳)3条，高速公路有京昆(G5：西安—汉中)、包茂(G65：西安—安康)、沪陕(G40：西安—商洛)和福银(G70：西安—丹凤)4条，国道有G316(福州—兰州)、G108(北京—昆明)、G210(包头—南宁)和G312(上海—霍尔果斯)4条，省道有S101(西小路)、S102(西旬路)、S108(关中环线)、S202(黄洛路)、S203(商山路)、S210(麟留路)、S212(陇凤路)、S307(洛柞路)、S309(勉略路)和S312(沪霍线)10条，加上密集的县道公路网，在客观上形成了对区域生态环境的持续干扰和分割效应，将使许多野生动物的生存、繁殖、迁移和扩繁受到严重影响。例如，陕西省洋县至太白县之间的洋太公路大大缩短了两县之间的交通里程，但洋太公路中段主要穿越了大熊猫的潜在栖息地和适宜栖息地，公路两侧的自然保护区(太白山、牛尾河、黄柏塬和长青自然保护区)内分布有大熊猫91只，公路沿线各路段也均有一些区域具备大熊猫栖息的植被条件，洋太公路的建设与运营不仅使这一区域大熊猫栖息地进一步破碎化，加剧东侧的兴隆岭＋太白山栖息地与西侧的牛尾河栖息地之间的隔离，而且公路干扰的加强也将影响大熊猫在公路两侧局部区域的活动与扩散，以及在高海拔夏居地与低海拔冬居地之间的迁移扩散活动(曾治高等，2009)。为此，应加强对大熊猫走廊带的监管，扩大自然保护区的范围，严格控制道路沿线一些路段的旅游开发等干扰因素(曾治高等，2009)。

二、秦岭的生物多样性与生态功能

秦岭是东亚地区生物多样性的热点地区之一，被称为世界罕见的“生物基因库”，被首批列入中国十二个国家级生态功能保护区。由于秦岭处于我国华北、华中、唐古特及横断山脉等植被区相互交汇的关键地区，同时是中国动物地理古北界和东洋界的分界线，使得该区动植物区系同时兼有各种成分，加之其地质演变历史久远、面积广袤、相对高差较大以及复杂多变的地貌、地形和气候条件，形成了秦岭巨大的生物多样性及其生态功能与价值。

(一) 秦岭的生物多样性

秦岭的生物多样性具有以下特点：物种高度丰富，特有属、种较多；生物区系起源古老；生态系统类型复杂多样。

1. 物种多样性

根据《中国秦岭生物多样性的研究与保护》(沈茂才，2010)的描述，秦岭共有种子植物3436种，隶属197科1006属，占全国种子植物总种数的14%，总属数的

33.76%，总科数的65.23%。其中，裸子植物共有9科23属45种，分别占全国裸子植物科、属、种的81.81%、67.65%和23.32%；被子植物共有188科983属3391种，分别占全国被子植物科、属、种的64.60%、33.37%和13.92%。

在秦岭种子植物中，仅太白山国家级自然保护区就分布有世界性单种属植物37属，少种属植物60属，我国特有植物25属，太白山特有植物22种1亚种1变型。国家Ⅰ级重点保护植物有红豆杉（*Taxus chinensis*）、南方红豆杉（*Taxus chinensis* var. *mairei*）、独叶草（*Kingdonia uniflora*）和华山新麦草（*Psathyrostachys huashanica*）4种，Ⅱ级重点保护植物有太白红杉、秦岭冷杉（*Abies chensiensis*）、大果青杆（*Picea neoveitchii*）、香果树（*Emmenopterys henryi*）、狭叶瓶尔小草（*Ophioglossum thermale*）、银杏（*Ginkgo biloba*）、杜仲（*Eucommia ulmoides*）、鹅掌楸（*Liriodendron chinensis*）、水青树（*Tetracentron sinensis*）、连香树（*Cercidiphyllum japonicum*）、星叶草（*Circaeaster agrestis*）、独花兰（*Changnienia amoena*）、山白树（*Sinowilsonia henryi*）、翅果油树（*Elaeagnus mollis*）、光叶珙桐（*Davidia involucrata*）等50多种。这些保护植物大多为古老科属和孑遗植物。在秦岭植物中，有1300多种可用于纤维、淀粉、糖类、油脂、树脂、橡胶和鞣料开发的资源植物及大量的药用植物，仅太白山就有510多种药用植物。据不完全统计，在孢子植物中，秦岭共有蕨类植物33科83属312种20变种8变型，约占全国蕨类植物的12%。苔藓植物70科182属440种4亚种21变种1变型，约占全国苔藓植物的21%。地衣24科421种，约占全国的21%（沈茂才，2010）。

秦岭有脊椎动物722种，其中，鱼类7目16科162种，两栖动物2目8科26种，爬行动物2目8科44种，鸟类17目53科373种，兽类7目27科117种（沈茂才，2010），脊椎动物种数占全国的11.4%。国家Ⅰ级重点保护动物有大熊猫（*Ailuropoda melanoleuca*）、川金丝猴（*Rhinopithecus roxellanae*）、羚牛（*Budorcas taxicolor*）、金钱豹（*Panthera pardus*）、云豹（*Neofelis nebulosa*）、朱鹮（*Nipponia nippon*）、黑鹳（*Ciconia nigra*）、金雕（*Aquila chrysaetos*）等，占陕西省分布的国家Ⅰ级重点保护动物的61%。Ⅱ级重点保护动物有小熊猫（*Ailurus fulgens*）、林麝（*Moschus berezovskii*）、斑羚（*Naemorhedus goral*）、红腹锦鸡（*Chrysolophus pictus*）、白冠长尾雉（*Syrmaticus reevesii*）、大鲵（*Andrias davidianus*）、秦岭细鳞鲑（*Brachymystax lenok tsinlingensis*）、中华虎凤蝶（*Luehdorfia chinensis*）等32种，占陕西省分布国家Ⅱ级重点保护动物的50%。这些动物多是我国特有的珍稀濒危物种（沈茂才，2010）。

秦岭地区有昆虫3358种，隶属于29目298科1853属（沈茂才，2010），昆虫种数占中国已记述51 000种的6.5%。仅太白山就有22目161科1163属1991种，特有成分较多，昆虫新种40余种。这些昆虫中有大量的天敌昆虫、药用昆虫、资源昆虫和观赏昆虫。

秦岭山地还有丰富的土壤动物，这些动物的生活史中有一段时间在土壤中度过，对土壤结构、肥力及生态系统的分解功能产生巨大影响。在太白山国家级自然保护区的土壤动物调查中，共鉴定出 5 门 8 目 40 科 225 种土壤动物，其中 11 个特有种，7 个陕西省新记录（任毅等，2006）。

秦岭已记述的微生物有 337 种。其中大型真菌 207 种、细菌 10 种、霉菌 75 种、放线菌 29 种、酵母菌 16 种（沈茂才，2010）。

在中国大陆中部，从西向东依次耸立着天山、喀喇昆仑山、昆仑山、祁连山、秦岭和大别山等一系列高大雄伟的山脉及向东延伸的一些低山丘陵，由于这些山脉是中国大陆南北陆块的主要拼接地带，地质上称其为中央造山带。秦岭山地在地质学上称秦岭造山带，属于中国中央造山带的一部分，在距今 16 亿～30 亿年的前寒武纪，已形成其古老的基底，后经主造山作用、陆内造山作用与构造演化，垂直高差加大，流水切割作用加强，最终形成现代巍峨雄伟的山脉、断陷盆地和深切峡谷等地貌景观（沈茂才，2010）。因此，秦岭古老的地质历史，多样的地貌、气候和土壤条件，形成复杂多样的生境，加之第四纪冰川的影响不大，为特有属、种的发展和保存创造了条件，在不同程度上保留着白垩纪、第三纪的古老残遗成分。

应俊生（1994）对秦岭植物区系的性质、特点和起源的研究认为，秦岭植物区系是中国第三纪植物区系的重要组成部分，是晚白垩纪至第三纪东亚植物区系的残遗，其起源时间不会晚于晚白垩纪（6500 万年至 1.35 亿年前）。秦岭特有植物种占总种数的 5.1%，出现于秦岭地区的中国特有植物种占总种数的 45.7%，中国特有种的数目远高于西藏（23.6%）和横断山区（26.37%），说明秦岭植物区系的古老性质及该植物区系环境条件的历史稳定性（应俊生，1994）。

2. 生态系统多样性

秦岭山体高大，气候和土壤条件具有明显的垂直梯度变化，形成典型的山地森林生态系统。秦岭又是长江和黄河两大水系的分水岭，遍布着汉江和渭河众多支流，形成河流生态系统。同时，秦岭地区农耕历史悠久，在其南北坡海拔较低，地势相对平缓，沿汉江和渭河及其支流两侧的宽谷和盆地，形成了农田生态系统。因此，秦岭的生态系统具有以山地森林生态系统为主，河流湿地生态系统和农田生态系统等多种生态系统并存的格局（附录一图版）。

（1）山地森林生态系统

秦岭主峰太白山的山地植被垂直带谱最为典型，成为东亚地区划分山地植被垂直带谱的重要参照标准（任毅等，2006）。秦岭山地森林生态系统由暖温带落叶阔叶林为基带的山地植被垂直带谱构成（朱志诚，1983），从低海拔到高海拔，森林植被可大致分为 3 种类型。

1）暖温带-温带落叶阔叶林，在太白山北坡分布于海拔 800～2300m，在南坡分布于海拔 1200～2200m。依海拔从高到低又分为辽东栎林、锐齿栎林和栓皮栎林 3 个亚带。辽东栎林亚带仅分布于北坡。

2）温带-寒温带针阔叶混交林，分布于海拔 2300～2800m。该林带主要由糙皮桦林、红桦林和少量华山松针阔叶混交林组成。糙皮桦林亚带和红桦林亚带主要分布于海拔2700～2800m和2300～2700m。华山松针阔叶混交林分布于南坡海拔1700～2300m,北坡海拔2000～2400m。

3）寒温性针叶林,在北坡分布于海拔2800～3400m,在南坡分布于海拔2650～3450m。该林带又分为太白红杉林和巴山冷杉林2个亚带,太白红杉林亚带分布于海拔3000～3400m,巴山冷杉林亚带分布于海拔2650～3400m。

(2) 高山灌丛草甸生态系统

高山灌丛草甸生态系统分布于秦岭森林生态系统的上限,即海拔3400m以上地带。主要植物群落是头花杜鹃灌丛、杯腺柳灌丛、绣线菊(*Spiraea* spp.)灌丛及禾叶嵩草(*Kobresia graminifolia*)草甸和狭叶圆穗蓼(*Polygonum macrophyllum*)草甸。高山草甸生态系统的主体分布在我国青藏高原广大的高原面上,并构成了青藏高原东部的地带性植被(吴征镒,1980)。秦岭太白山的高山草甸是青藏高原高山草甸向东延伸的部分。该生态系统地处高寒、中湿、太阳辐射强,环境较为极端和脆弱,植被结构简单,一旦破坏,很难恢复。

(3) 农田生态系统

在秦岭暖温带-温带落叶阔叶林的下缘,即海拔650～750m以下,主要分布着农田、经济林及具有次生性质的农耕侧柏疏林与灌丛(沈茂才,2010),且与落叶阔叶林形成交错分布的格局。秦岭的农田生态系统主要分布在北坡海拔750m以下,南坡海拔650m以下(沈茂才,2010)的广大地区。这里气候和水资源较为优越,耕地面积近1000万亩①,主要粮食作物为水稻、小麦和玉米等,同时又是经济作物、林特产、畜产品和药材产区,集中了陕西省全部亚热带果林(刘胤汉和陆立新,1990)。

农田生态系统随海拔变化呈现为3个层次。第1层为秦岭山麓及低山一年两熟适宜层。南坡700～800m以下可稻麦一年两熟,亚热带作物生长良好,冬小麦在冬季不停止生长;北坡山麓宜小麦、玉米一年两熟,冬季小麦休眠。该层是秦岭地区的主要农区。第2层为两年三熟层,南坡上限1100m,北坡上限1000m。本层下部冬小麦、玉米可勉强一年两熟,其他大部分地区能两年三熟。为了充分利用土地,多进行间作套种。第3层是种植层的最上层,海拔一般1400～1500m。由于温度较低,只能种植一年一熟、适宜温凉的农作物,最高上限可达1800m(陈明荣,1992)。

(4) 河流与湿地生态系统

秦岭南北两侧河流众多,溪流密布,构成了河流与湿地生态系统景观。有研究表明,仅秦岭北麓陕西段就有53条一、二级支流,总流域面积为12 775km²,多年平均地表水资源总量为31.51亿m³。其中,地表水可利用量为14.90亿m³,可利

① 1亩≈666.7m²

用率为47.3%，为宝鸡、西安、渭南三市提供的地表水可利用量为25.67亿m^3，可利用总量为27.88亿m^3；地下水可开采量为13.83亿m^3（蒋建军和冯普林，2010）。据不完全统计，在秦岭河流与湿地生态系统中，分布有7目16科162种鱼类，2目8科26种两栖动物（沈茂才，2010），河岸湿地植物1000种左右，150种鸟类、35种兽类和众多昆虫（闫宏志等，2010）。

3. 秦岭山地群落物种多样性的垂直变化

海拔的变化常伴随着温度、降水、风速、光照、土壤等许多因子的改变，导致水热条件及其组合在垂直空间上的变化，因而是决定山地垂直空间生境差异的主导因子，并进而影响植物群落的分布与物种多样性。对秦岭中段南坡佛坪国家级自然保护区及秦岭主峰太白山北坡的研究表明，植物群落物种多样性随海拔升高而降低，但其中乔木物种的多样性在中海拔区域最大，在低海拔和高海拔较低。这是因为在中海拔区域水分和热量条件配合较好，而乔木的物种多样性又更加依赖于这些外部环境因子的优劣。而在低海拔区降水不足，高海拔区温度较低，因而乔木的多样性也较低（岳明和周虹霞，1997；岳明等，2002）。

（二）秦岭生物多样性的生态功能与潜在价值

1. 秦岭山地生态系统植被的涵养水源功能与价值

秦岭山地是中国重要的森林生态系统分布区之一，林地面积占秦岭山地总面积的75.2%，植被覆盖度较高，成为中国重要的水源涵养区。陕西省水资源总量445亿m^3，而秦岭水资源总量就达220亿m^3（张胜利和崔云鹏，2007）。秦岭不但是我国南水北调中线工程起点丹江口水库的重要水源区，也是陕西境内渭河、汉江、丹江、嘉陵江等河流的发源地和水源补给区（张胜利和崔云鹏，2007），以及陕南和关中城市群的主要水源地，对整个区域社会经济的可持续发展和生态环境影响巨大。秦岭山地植被的保护和恢复不仅影响着秦岭地区社会经济的发展和生态环境的改善，而且直接影响着陕西省重要经济产业带的水生态安全和国家南水北调工程中线水源区的水质和水量（刘康等，2004）。

植被涵养水源的功能大致包括植被冠层截留的降水量、枯枝落叶层的降水容量和土壤的降水储量3个部分，其功能大小与降水量、植被冠层截流率、林冠面积、枯枝落叶干重、饱和吸水率、枯枝落叶层面积、土壤类型及面积、土壤储水深度、土壤粗孔隙率及植被类型和分布面积等多种因素有关。如果植被遭到破坏，降水将直接到达土壤表层，特别是发生强降水时，迅速形成的地表径流将对土壤表层产生冲刷，携带大量泥沙进入江河。李晶和任志远（2003）从植被冠层、枯枝落叶层和土壤层分析了陕西段秦巴山地区包括人工果树林在内的20种植被的水源涵养量，并利用替代工程法对其生态功能进行了货币化评定。研究表明，这3个层次的水源涵养量分别为10.99亿t、3.19亿t和19.63亿t，总量达33.81亿t，涵养水源功能的强弱表现为土壤层＞植被冠层＞枯枝落叶层的模式，3个层次水源涵养的总价值为 226.56 亿元。该研究同时表明，分布于秦岭中低山区域的落叶阔叶林水源涵养功能最强，而高山区的草甸和低山、丘陵及盆地的人工果树林水源涵养功能最弱，应特别加强中低山区域落叶阔叶林的保护和恢复工作。高山区环境严酷，植被一旦遭到破坏，难以恢复，且对其分布区以下的寒温性针叶林造成严重影响，尽管其水源涵养功能较弱，但仍应杜绝人类活动的干扰。由于低山、丘陵及盆地长期的农耕史，人工植被结构单一，枯枝落叶少，土层疏松、淋溶强烈，涵养水源的生态功能大大降低。

2. 秦岭山地生态系统植被的土壤保持功能与价值

植被保持土壤的功能可从植被所在区位的潜在土壤侵蚀量与现实土壤侵蚀量之差进行估评。潜在土壤侵蚀量是指在没有地表覆盖因素和土地管理因素情形下可能产生的土壤侵蚀量，现实土壤侵蚀量是指当前植被覆盖情形下的土壤侵蚀量。植被保持土壤的价值可从保护土壤养分、减少土地废弃和减轻泥沙淤积灾害 3 个方面来评价(周自翔等，2006)。秦巴山区植被在这 3 个方面的价值分别为 22.4 亿元、0.04 亿元和 0.14 亿元，总生态经济价值每年达 22.58 亿元。其中，森林植被保护土壤的总生态价值为 18.27 亿元，贡献率为 80.8%(周自翔等，2006)。

据文献记载，1994 年以前，陕南长江流域平均年流失表土 0.71 亿 t，秦岭北坡和洛南黄河流域为 0.13 亿 t，每年流失土壤总计 0.84 亿 t(惠振德等，1994)。而周自翔等(2006)的研究表明，秦巴山区潜在土壤侵蚀总量为 1.01 亿 t/年，现实土壤侵蚀总量为 0.96 亿 t/年。也就是说，由于植被的存在，秦巴山区每年可减少 500 万 t 的土壤流失，尤其是森林植被因浓密的冠层削减暴雨势能，缓冲暴雨对土壤的侵蚀，且具有较厚的枯枝落叶层，对减少土壤侵蚀作用最大。但与 1994 年以前相比，水土流失的趋势并未得到有效遏制，平均年流失表土反而增加了 0.12 亿 t。

3. 秦岭山地生态系统服务功能的潜在综合价值

高雪玲等(2004)运用环境经济学的方法，借助地理信息系统(GIS)技术对陕西段秦岭北坡山脚线至汉江北岸范围内(不包括汉中、安康盆地，总面积约占陕西省总土地面积的 25%)山地生态系统的植被有机物生产、保持土壤功能、涵养水源、固定 CO_2、释放 O_2及净化空气 6 种服务功能的价值进行了研究。结果表明，秦岭山地生态系统服务功能的潜在综合价值为 1014.44 亿元/年(表 0-3)。

表 0-3 秦岭山地生态服务功能综合价值 (单位：亿元/年)

生态系统	植被生产有机物价值	保护土壤价值	涵养水源价值	固定 CO_2 价值	释放 O_2 价值	净化空气价值	单位面积价值/[万元/(km^2·年)]	总计
北坡	25.95	72.12	35.75	37.27	30.21	27.33	191.42	228.63
南坡	96.96	218.93	135.88	139.27	112.88	81.89	171.75	785.81
合计	122.91	291.05	171.63	176.54	143.09	109.22	363.17	1014.44

资料来源：高雪玲等，2004

由表 0-3 可知，秦岭植被保护土壤价值＞固定 CO_2 价值＞涵养水源价值＞释放 O_2 价值＞植被生产有机物价值＞净化空气价值。目前面积最大、分布于海拔 800～2300m 的落叶阔叶林生态价值最高，其次是落叶阔叶林破坏后形成的次生灌丛。根据各植被类型单位面积的生态价值划分出 3 个保护等级：即生态环境保护一类区为森林植被（包括落叶阔叶林、针阔叶混交林和山地针叶林），单位面积价值所占比例大于 15%；生态环境保护二类区为灌丛和草甸（包括次生灌丛、草丛和高山灌丛草甸），价值所占比例为 10%～15%；生态环境保护三类区为农田，价值所占比例低于 10%。对一类区应严格保护，积极开展生态恢复与治理；二类区应适度开发，控制不合理的经济活动，强化监督管理，杜绝发生新的生态破坏；三类区要切忌出现透支环境容量的过度开发，发展生态农业（高雪玲等，2004）。

上述研究结果表明，保护秦岭的生物多样性，维持生态系统服务功能的潜在价值是极其巨大的。言之，如果秦岭山地生态系统遭到严重破坏，要恢复其现有生态功能的代价将极其昂贵，甚至是不能承受的。更为重要的是，一个生态系统服务功能的形成是多种生物和非生物因素的长期效应和综合效应，损害这种功能的代价不能简单地以金钱衡量，而是会从根本上动摇区域社会经济持续发展的基础。

Ⅱ 旬阳坝概况[①]

一、社会经济概况

旬阳坝镇位于秦岭中段南麓的月河梁与平河梁之间，属宁陕县城关镇所辖，南距宁陕县城 50km，北距西安市 138km，常住人口 2000 余人。旬阳坝下辖 7 个村民小组，全村总人口 3000 余人，总面积 176km^2。旬阳坝镇也是原陕西省宁东林业局局机关所在地，自局机关迁至西安市长安区后，本地还留有管理处及宾馆、林场等单位。

旬阳坝地区地势南高北低，平均海拔 1300m，境内沟壑纵横，峰峦叠嶂。该地区森林资源丰富，森林面积 1.74 万 hm^2，森林覆盖率达 97%以上。林木除油松（*Pinus tabulaeformis* Carr.）、华山松（*Pinus armandii* Franch.）、铁杉（*Tsuga chinensis*（Franch.）Pritz.）等针叶树外，还有桦（*Betula* spp.）、栎（*Quercus* spp.）、水曲柳（*Fraxinus mandschurica* Rupr.）等落叶阔叶树种，有国家一级保护树种红豆杉（*Taxus chinensis* Rehd.）、国家二级保护植物水青树（*Tetracentron sinensis* Oliv.）、连香树（*Cercidiphyllum japonicum* Sieb. et Zrcc.）、我国或东亚特有植物山白树（*Sinowilsonia henryi* Hemsl.）、领春木（*Euptelea pleiosperma* Hook. f. et Thoms.）、串果藤（*Sinofranchetia chinensis*（Franch.）Hemsl.）等；境内产天麻（*Gastrodia elata*）、猪苓（*Polyporus umbellatus*）、党参（*Codonopsis pilosula*）和华中五味子（*Schisandra sphenanthera*）等中药材；野生珍稀动物有熊、野猪、锦鸡等；林特产品有食用菌、生漆、松籽、蜂蜜等。

二、气候特征与水系

1. 气候

旬阳坝地区属山地中温带和北温带气候。雨量充沛，气候湿润，夏季无酷热，冬季寒冷且较长，灾害性天气较频繁。该区太阳总辐射量偏少，日照时数和日照百分率较低。历年平均太阳总辐射量 102.28kcal/cm^2，平均日照时数 1668.4h，日照百分率 38%；8 月日照时数最多，为 206.1h，日照百分率 50%。该区年平均气温 10.3℃，最冷月 1 月平均气温－1.4℃，最热 7 月平均气温 21.4℃，年较差 22.8℃，极端最高气温 36.2℃，极端最低气温－13.1℃。全年基本上无气候学意义上的夏季。

该区降水充沛，年平均降水量 1040mm，最多 1423mm，最少 842.8mm；历年单

---

① 旬阳坝社会经济概况、气候特征与水系以及植被类型资料引自肖亚萍、田先华、马骥主编《植物学野外实习指导》(2009)。

日最大降水量 99.7mm。降水主要集中在夏秋季，每年夏季降水占全年的 46%，秋季占 32%，春季占 20%，冬季仅占 2%。平均初霜日 10 月 30 日，终霜 3 月 28 日，无霜期 215 天。

2. 水系

本地区主要河流有月河、长安河与池河（图 0-2）。其中对本地区影响最大的是月河。月河发源于平河梁主峰古山蹬梁北麓，经旬阳坝流向东北，在月河坪折向东南经镇安县汇入旬河，本区流长 28.1km，多年平均水深 3.61m，径流量 6267 万 m^3。月河在旬阳坝周围有多条支流，主要有大茨沟、小茨沟、长沟、蝎子沟等，这些小支流所经地区植被发育良好，涵养水源能力强，使得小支流常年流水不断，同时在小支流周围又形成了诸多不同的小生境，为各种植物的生长提供了良好的生长环境。长安河发源于平河梁南麓，流向西南，在城关镇汇入堰坪河，经两河进入石泉县最终注入汉江。多年平均水深 3.75m，径流量 17175 万 m^3。池河发源于古山蹬处，向南流经太山庙镇，出铁炉进入汉阴县，最终汇入汉江，在宁陕县境内流长约 36km，多年平均水深 3.50m，径流量 18165 万 m^3。在池河与长安河之间，还有发源于平河梁南麓的上坝河，流向西南，在宁陕县城附近汇入堰坪河，经两河出石泉最终注入汉江。

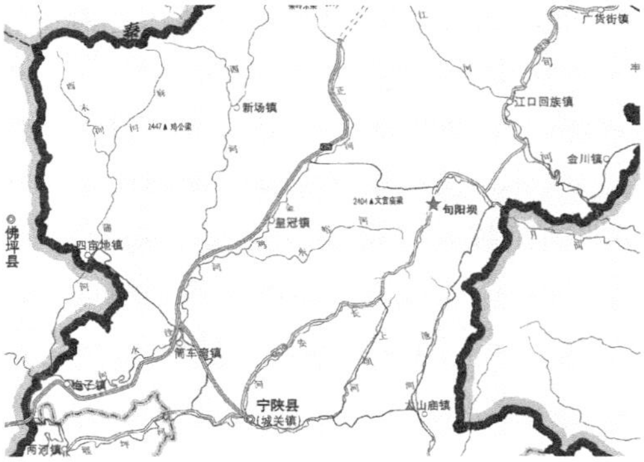

图 0-2　旬阳坝地区水系图

（引自陕西省测绘地理信息局 4 开安康市地图基础要素版）

三、植被类型

旬阳坝地区植物种类丰富，有种子植物 120 余科 450 余属 1200 余种。植被分布主要受海拔的影响，由于历经 20 余年的砍伐，原生植被已荡然无存，现存天然植被多次生。可分为 3 个天然植被类型。

1. 冷杉林

冷杉林　　即针叶林，分布海拔为 2400～2679m。一般仅与红桦混交，林内有少量山杨（*Populus davidiana*）、青杆（*Picea wilsonii*）、铁杉（*Tsuga chinensis*）等。林下灌木有秀雅杜鹃（*Rhododendron concinnum*）、太白杜鹃（*Rhododendron pur-*

domii)、花楸(*Sorbus* spp.)和蔷薇(*Rosa* spp.)等,也混生有箭竹(*Sinarundinaria nitida*)。

2. 桦木林

桦木林　即落叶阔叶林,分布海拔为 2100～2600m。林带上界混生有巴山冷杉、青杄、云杉(*Picea asperata*),下界混生有秦岭冷杉、山杨、华山松(*Pinus armandii*)、铁杉、糙皮桦、柳(*Salix* spp.)等。林下以箭竹为主,并混有小叶杜鹃(*Rhododendron capitatum*)、山胡椒(*Lindera glauca*)、栒子(*Cotoneaster* spp.)、辽东栎和丁香(*Syringa* spp.)。地被物以鹿蹄草(*Pyrola rotundifolia*)、败酱(*Patrinia* spp.)为主。

3. 松栎林

松栎林　即针阔叶混交林,分布海拔为 1300～2100m。是以油松(*Pinus tabulaeformis*)、华山松、锐齿栎、山杨等树种为主的混交林,分布面积大,范围广。林下灌木和草本植物种类组成复杂,且藤本植物较多,如五味子(*Schisandra chinensis*)、南蛇藤(*Celastrus hypoleucus*)、猕猴桃(*Actinidia* spp.)等。

此外,旬阳坝地区还分布有砍伐后种植的各种人工林群落。现有人工林主要为华北落叶松(*Larix principis-rupprechtii*)林、油松林和云杉林,多分布在公路两侧的山地,多数为 20 世纪 60 年代初期至中期强度采伐后人工种植而成。对该区油松人工林和油松天然次生林的比较研究显示,经过 40 多年的恢复,人工林和天然次生林的种类组成相似系数仅为 53.03%,人工油松林中乔木物种的丰富度仍低于次生林,而草本层的物种优势度显著高于天然次生林,但两种群落主要树种油松、锐齿栎和华山松的幼苗数量均较多,且更新良好,优势种群的个体大小结构和种群动态趋势也相同,群落的土壤养分状况无差异(景丽等,2008)。这说明人工林的物种组成和物种丰富度要达到与天然次生林更为相近的程度,可能还需要很长时间。

Ⅲ　生态学研究方法与野外取样技术

一、生态学研究方法

根据研究目的和实际需要，生态学研究方法可分为原地观测研究、室内受控实验研究和综合研究三大类型。

（一）原地观测研究

原地观测研究是在自然界原生境与生物之间及生物与环境之间相互作用关系的考察。包括野外调查、定位观测和原地实验等方法。

1. 野外调查

野外调查是在特定的种群生存或群落空间范围内，对种群或群落特征与生态环境要素的相互作用关系进行观察记录。一般是通过相应的规范化抽样调查方法进行，如动物种群调查中的样方法、标志重捕法、去除取样法等，植物种群和群落调查中的样方法、无样方取样法等。有关样地的设置、样方大小、数量和空间配置，都要符合统计学原理，保证抽样数据能反映种群或群落的总体特征。

属于种群水平的野外调查项目一般有：种群数量、种群的空间分布格局、年龄结构、性比、静态生命特征等。群落水平的考察项目有：群落的物种丰富度、物种组成、生活型谱，群落中植物种群的多度、频度、盖度、物种多样性、种间关联性等。同时要考察影响种群或群落的主要生态环境因子特征，如气候因子、地形因子、土壤因子、人为扰动因子等。

2. 定位观测

定位观测是在预先设置的长期固定样地上考察特定物种个体、种群或群落结构和功能与生境关系的时空变化规律。观测时限取决于研究对象和研究目的。对于短寿命物种可能仅需几天或几个月，对于长寿命物种可能需要几十年或上百年。观测项目主要涉及物种个体、种群或群落结构和功能的时间变化，除了野外调查所包括的项目外，还应包括群落物种数量和生物量、生殖率和死亡率动态等。对于有些需时较长的项目，可以采用空间代替时间的方法进行观测，例如，通过人为选择一系列具有不同撂荒或恢复时间的群落样地，研究恢复演替过程，在短时间内获得结果。

3. 原地实验

原地实验是在自然条件下，根据田间试验设计的原理和方法，采取某些控制措施，研究某个或某些因素变化对种群或群落及其他因素的影响。如田间生物多样性控制实验，研究生物多样性-生态系统功能关系；养分添加实验，研究植物群落物种数量、物种组成、均匀度和物种多样性及土壤理化性质和微生物群落的变化；去除或引进物种的实验，研究种间竞争、捕食、物种丧失或物种入侵的效应；增温、增加 CO_2 浓度等模拟全球变化的原地实验等。原地实验是野外调查和定位观测研究的重要补充，可控性强，不仅有助于阐明某些因素的作用和机制，还可作为设计生态学室内受控实验或仿真实验的参考依据。

（二）室内受控实验

室内受控实验是模拟自然生态系统，在完全受控的实验生态系统中研究单因子或多因子各自的作用，以及其可能的相互作用对物种、种群或群落特征乃至生态系统功能的效应。例如，"微宇宙"（microcosm）是在人工气候室或人工水族箱中建立的自然生态系统模拟系统，对光、温、水、土、养分、物种组成、物种数量等因子实行完全控制，研究其中一种或几种因子变化对生物个体、种群或模拟群落、生态系统结构及功能等的影响与机制。由于受控实验的条件相对简化，获得的有关数据和结论还需在自然系统中进行验证。

（三）综合研究

综合研究是指对原地观测或受控实验的大量资料和数据进行综合归纳分析，表达各种变量之间存在的相互关系，反映客观生态规律的方法技术。在综合研究中，不论是采用何种数据分析技术（如方差分析、简单的相关和回归分析、多元分析、群落的数值分类和排序及生态建模等），首先要对大量的观测数据进行规范化处理，如数据类型的转换、数值转换和数据的标准化。因为观测到的众多因素的变量集和各种变量（属性）的类型不同、量纲不一、尺度悬殊。经过规范化处理的数据可用来构建数据矩阵，应用各种统计分析方法进行分析，揭示各因素作用的大小、相互作用关系及效应等。

二、植物生态学野外实习基本取样技术

对自然种群或群落的研究都是通过取样调查进行的。所谓取样技术（sampling technics）就是关于典型样本的选取和确定，包括样地的设置方法、范围大小、样本容量等，以准确估计研究对象的总体特征。

（一）取样的一般原则

取样要有代表性，以尽可能小的误差和少的抽样获得准确的总体特征。在统计学上，总体特征的数值叫参数，而样本对总体参数的估计值叫估计量，当估计量的平均值等于总体参数时，这个估计量叫无偏估计量。但所有的取样调查都存在误差，并可分为取样误差和非取样误差两类，两者构成估计值的总误差。

取样误差的产生是由于样本仅为总体的一部分，样本和总体之间总有或大或小的误差。取样误差可用估计值的标准误(standard error，SE)来度量，其值越小，取样方法的精度越高。在群落调查中取样误差除决定于取样方法外，还与所取样本大小及各取样单位间的变动程度有关。非取样误差的产生原因有样本定位的错误、测定或观察记录中的错误、汇总调查资料时产生的错误等，应尽量避免。

（二）取样单位

取样调查，首先要确定取样单位。根据研究目的，一般有两种方法。如果是研究种群在群落中的分布和种间关系等生态特征，以物种的个体作为取样单位，点取样法、无样地取样法及用小样方测定物种频度的方法都属此类；如果要研究群落的物种数量、种类组成、结构特征和生境特点并进行群落的类型划分，则以群落的一定面积作为取样单位，大多数样方法、样带法都属此类。

（三）取样技术设计

取样技术多种多样，采用哪种方法取决于研究目的、研究对象、群落类型等诸多方面。常包括样地取样(plot sampling)技术和无样地取样(plotless sampling)技术两大类。

1. 样地取样技术

样地取样技术是选择有代表性的取样单位，或称群落地段或样地进行观测。主要包括确定样地的大小、形状、数量和排列方式等几个方面。

(1) 样地大小

样地大小是指用于调查的取样单位的面积大小。面积过小，不能反映物种或群落的基本特征，失去代表性；面积过大，虽能反映基本特征，但时间和人力等方面花费过大，没有必要。在群落调查时，一般通过巢式样方法绘制物种数-面积曲线，确定最小取样面积或样地大小(详见实习十)。

(2)样地形状

样地形状，传统上是正方形，也称样方。但为了降低样方的边际效应，在草本植物群落调查时也可采用样圆。矩形样地(也称样带或样条)也广泛采用，以长宽比 16∶1 为好，只需少量样地就能很好地代表整个群落。有时也采用样线进行取样，记录一定长度的样线接触到的物种。

(3) 样地数量

在确定了样地大小和形状后，还应确定样地数量。样地数量过少会造成结果不准确，样地数量过多又会浪费人力和时间。因此，确定适宜的取样数量是取样时首先遇到的重要问题。尽管可以用标准误来度量取样误差，但该误差范围并未附以概率保证，它并不能说明犯 1%错误(保证 99%正确)或 5%错误(保证 95%正确)时的误差范围该是多大，因此，仍然是没有意义的。

置信区间(confidence interval,CI)就是以概率的要求来说明样本平均数的误差范围。而置信度的概率 P 可表示为

$$P(\bar{x}-tS_{\bar{x}}<\overline{X}<\bar{x}-tS_{\bar{x}})=1-\alpha$$

式中,$\bar{x}$ 为样本平均值,$\overline{X}$ 为总体平均值,t 为标准误的倍数,$S_{\bar{x}}$ 为样本标准误,α 为允许误差的概率,$1-\alpha$ 为置信度的概率,也称置信系数。α 与 t 之间存在如下关系:当 $\alpha=0.046$ 时,$t=2$;当 $\alpha=0.010$ 时,$t=2.6$。

设 α 为 5%,则置信系数($1-\alpha$)的 $\bar{x}\pm tS_{\bar{x}}$ 就是样本平均数的置信区间,即误差范围。如果总体符合正态分布,允许误差为 d',且为无放回取样,则取样数为

$$n=\frac{t^2S^2}{d'^2}$$

式中,S^2 为样本总体方差。若要求以 95%的概率保证其允许误差,则将 $t=2$ 代入上式,得

$$n=\frac{4S^2}{d'^2}$$

例如,在一片均匀的草地中调查鼠洞,以 10m^2 为一个样方,先调查 10 个样方,鼠洞数量分别为 7、8、5、6、2、3、5、4、6 和 3,$\bar{x}$ 为 4.9,S^2 为 4.489。设允许误差为 10%,即每样方不超过 0.5 个,$d'^2=0.25$,要求 95%的概率保证其允许误差,则 $t=2$,$n=71.82$,即约需抽取 70 个样方。允许的误差越小,抽样数就越多。

在群落调查时确定取样数还有一个简单的办法,即根据物种数-样方数曲线,以物种数不再明显增加时曲线拐点所对应的样方数量确定取样数,其原理与确定样方大小时的物种-面积曲线相似。

(4) 样地排列

1) 代表性样地法。这是一种主观取样方法,即通过选出有代表性的群落地段或样地进行观测。样地不应选在地形变化或土壤环境变化较大的非典型地段,尤其不宜设在群落交错区上,除非专门研究群落交错区。因此,在设置样地位置前,必须对群落进行初步观察或踏查,以了解其总体状况。该方法迅速简便,适于有经验的人采用。但其缺点是,取样之后无法知道估计量的准确程度。

2) 随机取样法。该方法要求从总体中抽取每一个取样单位的概率相等且独立,即总体中每个样本被抽中的概率相同,完全由随机因素决定。这样得到的样本称为随机样本,取得随机样本的过程称为随机取样。常用随机数字表进行随机取样。例如,在调查群落的一侧选一点,依此为原点,建立二维平面坐标系,选用两组随机数值分别代表 X 轴和 Y 轴,然后从坐标系上决定取样样方的位置。

随机取样法的最大优点是其符合统计学要求,可以得到对总体平均值及其方差的无偏估计量,即使取样量不足,也易于补充。其缺点是取样费时,在野外不易实行,特别是在地形复杂、环境异质性较高时,容易形成对总体的不均匀抽样,降低结果的可靠性。

3）分层随机取样法。分层取样又称分段取样，在调查样区较大时，根据调查对象的分布特性，预先将总体分成几个层（类型），再在各层中随机取样，然后合并成一个取样总体的研究方法。如根据气候、土壤、地形、人为干扰、植被均匀度等进行层次划分。在森林调查时，可以根据树种、树高、密度、树龄、生境条件等作为划分层次的标准。

分层取样的优点是节省时间，可以较少的样本获得较大的可靠性，对不重要的层次，可以减少抽样数目。另外，通过估计各个层次的平均值和方差，可得到总体平均值和方差的无偏估计量。缺点是当层的变异过大时，估计量的可靠性计算困难。

4）系统取样法。系统取样也称规则取样，就是先随机确定一个取样单位的位置，然后每隔一定间距取一个样本，直至达到群落边界为止，最后形成一个网状的取样单位布局。另外，在确定起始取样单位位置后，也可采用五点取样、对角线取样和“Z”字形取样等样地排列形式。

由于该方法对取样单位位置的选择是机械和均匀的，省去了随机取样的复杂手续，可以节省时间。同时由于样地分布普遍，代表性强，其方差比随机取样小。

采用样地取样技术对森林群落调查时，对于其中的灌木层和草本植物层，可以采用随机或系统设置若干小样方进行调查，灌丛层和草本层的样方面积可分别设为 $25m^2$（5m×5m）和 $1m^2$（1m×1m），样方数量 5～10 个。

2. 无样地取样技术

无样地取样技术也称距离测定法（distance method），是美国 Wisconsin 学派创造的主要用于森林群落研究的取样方法。其特点是无须设置固定面积的样地，而是在被研究的群落地段上随机选择若干点，测定该点与植株间的距离，推算种在群落中的数量特征。

无样地取样技术依据的原理是：植株在群落中的数量既可用密度 D 表示，也可用植株所占的平均面积 m 表示，且 $m=1/D$。因此，有可能用植株间的距离作为测定物种多度的指标。因为植物间的距离等于 $\sqrt{m}$，据此就可对平均面积上的密度做出正确估计。

无样地取样技术主要有最近个体法、最近邻体法、随机配对法和中心点四分法 4 种方法。在采用无样地调查时，一定要注意群落的范围和界限，要避免取样点落在不同群落的范围内，否则混合后无法对群落数据加以分离。

（1）最近个体法

在调查群落地段内经罗盘确定的线上设置随机取样点，测定从取样点到最近树木个体间的距离，并记录种名、胸径等指标。

（2）最近邻体法

用最近个体法设置取样点。先找出离取样点最近的个体，再找出一株与该个体最近的树木，测量它们之间的距离，并记录其他指标。

(3) 随机配对法

用上述方法设置取样点。先找出离取样点最近的个体，从该个体到取样点连成直线，通过取样点再引一线与此连线垂直，建立起一个 180°的封闭角，在封闭角的另一侧，找出与已选个体最近的树木，测量它们之间的距离，并记录其他指标。

(4) 中心点四分法

用同样方法设置取样点。分别以每个取样点为原点建立直角坐标系，在 4 个象限内各找一株与原点距离最近的个体为取样对象，测量其与原点的距离，并记录其他指标。

在采用上述方法时，所需要的取样点数量在不同森林群落类型间存在很大差异。例如，中心点四分法有 40～88 个距离数据(取样点为 10～22 个)即可，而最近个体法则需要 100 个以上的距离数据。如果森林群落中的乔木层还存在垂直分层的情况，可以对各亚层取样。无样地取样技术主要是针对森林群落乔木层的调查，对于其中的灌木层和草本植物层，可以沿测线系统设置若干小样方进行调查，样方面积在灌丛层为 $16m^2$(4m×4m)或 $25m^2$(5m×5m)，在草本层为 $1m^2$(1m×1m)，样方数量为 10～20 个。

三、动物生态学野外实习基本取样技术

(一) 动物生态学的研究方法

动物生态学的研究方法包括动物的野外观察和识别方法、动物野外采集与数量统计方法、动物的饲养与实验测定方法等方面。有关野外观察和识别及饲养与实验测定等方法详见《动物学实习指导》(陕西师范大学生命科学学院内部印刷资料)。动物生态学野外实习主要学习动物种群数量的统计方法。其中，直接计数法适合大型、白昼活动的动物。捕捉标记释放法有一次捕捉、多次重捕等，适用于小型、活动能力相对较强的动物。相关指数转化法是采用与动物数量相关的间接指标来估计动物的数量，如洞口计数法、巢穴计数法、粪堆计数法，以及动物足迹、标记物和卧迹等，有时也用优势度和频度来表示动物数量的多少。此外，还可采用铗日法对小型兽类进行种群数量的调查和统计。这里仅简单介绍标记重捕技术的原理和所应满足的假设。

(二) 标记重捕技术

标记重捕法(marking and recapture method)是在一个有明确界限的区域内，捕捉一定数量的动物个体进行标记，然后放回，经过一个适当时期(标记个体与未标记个体重新充分混合分布)后，再进行重捕。根据重捕样本中被标记者的比例，估计该区域种群总数 N。计算公式如下：

$$\frac{N}{M}=\frac{n}{m},N=\frac{Mn}{m}$$

式中，N 为种群总数，M 为标记个体数，n 为重捕个体总数（包括已标记和未标记个体），m 为重捕样本中已标记个体数。

如果最初标记释放数和再次重捕的样本数很大，应用上式估计种群数量是可行的。估计量的方差由下式给出：

$$S_N^2=\frac{M^2n(n-m)}{m^3}$$

如果最初标记释放数和再次重捕的样本数小，可用下列校正公式计算种群总数及其方差：

$$N^*=\frac{(M+1)(n+1)}{m+1}-1$$

$$S_{N^*}^2=\frac{(M+1)(n+1)(M-m)(n-m)}{(m+1)^2(m+2)}$$

需要说明的是，上述方法最适于估计封闭种群的绝对数量，且须满足下列假设：

1）标记物和标记方法不能影响动物的正常行为和寿命。

2）标记维持时间足够长，至少不能短于整个实验时间。

3）重捕前释放的标记动物必须在种群中充分混合。

4）捕捉标记动物的概率与捕捉未标记动物的概率相同，不受标记状况、年龄和性别的影响，标记不能对捕食者有吸引性。

5）种群是封闭的，没有迁入和迁出。如果有，其数量能被测定。

6）取样期间没有出生和死亡。如果有，其数量能被测定。

实际上，野外封闭的动物种群很难找到，总有生死和迁移发生。因此，(5)、(6)两条假定很难满足。为了估计各种变动的动物种群的数量，出现了各种形式的多次标记重捕技术。其中，Jolly-Seber 随机法是最为有用的方法。由于此方法的计算过程较为繁复，加之实习时间有限，这里不再介绍。感兴趣的同学可以查阅孙儒泳编著的《动物生态学原理》(第三版，2001)。

第二部分　参观与考察实习

参观与考察实习在驻地实习前进行，路线为西安市→杨凌区→周至县→太白山→佛坪县→洋县。参观与考察实习结束后即前往宁陕县旬阳坝镇宁东林场进行驻地实习，实习线路图如下图所示。

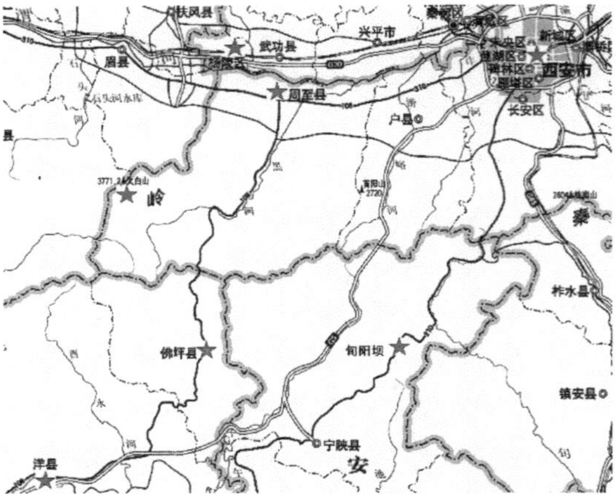

参观与考察实习路线图

(引自陕西省测绘地理信息局 1：120 万陕西省地图基础要素版)

实习一　参观西北农林科技大学博览园

一、实习目的

通过参观，系统地了解与人类关系密切的动物、植物、土壤、生物与环境关系、生物进化历史和中国农业科技史等科学知识，了解我国农业科技和生物技术发展取得的辉煌成就。

二、内容介绍

西北农林科技大学博览园位于杨凌国家农业高新技术产业示范区，东距西安市82km。博览园包括逸夫科技馆、动物博物馆和昆虫博物馆、植物博物馆、土壤博物馆、中国农业历史博物馆5个专业博物馆和蝴蝶园、植物分类园、树木园及种质资源圃等，是集教学、科研、科普于一体的重要学科基地。

昆虫博物馆收藏国内外各类昆虫标本120多万份，收藏量居全国高校之首，是重要的昆虫物种多样性展示基地。动物博物馆馆藏各种珍贵标本8000余件，分为生命起源与动物进化、珍稀动物、宠物与观赏动物、动物体的结构与功能、动物养殖与人类文明、动物疾病与人类健康、动物生产与生态环境、动物生物技术8个展厅。

植物博物馆分为植物的奥秘、植物与环境、植物多样性、植物与人类4个展厅，系统展示了充满奇闻妙趣的植物世界。其温室重点展示植物界的主要类群和各种趣味植物，揭示植物的多样性和观赏性及其与人类生存和发展的关系。室外还栽植有来源于世界各地的数百种花草树木，其中有不少为珍稀濒危的国家重点保护植物。植物博物馆收藏国内外各类植物标本约55万份，收藏量居全国高校之首。其中种子植物标本约50万份，蕨类植物标本约2万份，苔藓植物标本约2万份，地衣植物标本约1万份。

土壤博物馆分土壤的形成与演化、中国土壤分类与分布、中国与世界土壤主要剖面、土壤与环境及人类的关系4个展厅，收集了全国各地的典型土壤剖面，包括整段标本、微型盒装标本和反映土壤发生演化过程的形态标本等。还有许多反映世界其他国家土壤特征的一些照片和文字材料。

中国农业历史博物馆按照历史顺序分为“原始农业厅”、“三代农业厅”、“汉唐农业厅”、“宋元农业厅”、“明清农业厅”和“近现代农业厅”6个部分，系统、全面地展现了中国农业历史发展的基本脉络与辉煌成就，是目前国内展示内容最为系统的农业历史博物馆。全馆还展示有历代农业工具、种子、生活用品等农史实物2000余件，包含历代珍贵农史文物500余件。

树木园现保存有我国北方及南方树种计 98 科 281 属 603 种，其中国家Ⅰ级保护野生树种 7 科 8 属 10 种；国家Ⅱ级保护野生树种 14 科 17 属 21 种；陕西省重点保护野生树种 16 科 16 属 16 种；我国特有树种 17 科 21 属 22 种。

蝴蝶园是目前国内最大的蝴蝶放飞园，种植有蝴蝶寄主植物 20 余种、蜜源植物 30 余种、园林观赏植物 10 余种。寄主植物和蜜源植物大多来自秦岭、巴山和广西、云南、海南、安徽等蝴蝶自然生态栖息地。

博览园室外配套建有中草药园、五谷园、牡丹园、葡萄园、热带植物温室、草本花卉园和宿根花卉园等多种植物种质资源圃。种植和保存各类常见药用植物 37 科 87 种；我国北方各地的农作物 9 科 32 种；牡丹 1123 株，81 个品种；国内外各种花卉 18 科 36 种。

三、思考题

1. 人类对动植物的驯养、栽培活动及农业生产技术的进步对物种进化有何影响？

2. 农田土壤和自然土壤的剖面特征有何不同？

3. 为什么说生物多样性和环境保护是人类社会可持续发展的基础？

实习二　参观陕西省珍稀野生动物抢救饲养研究中心

一、实习目的

了解珍稀濒危物种的保护现状、保护工作进展和存在问题，实地学习和了解珍稀濒危物种迁地保护的目的、方法和途径等知识。

二、内容介绍

陕西省珍稀野生动物抢救饲养研究中心地处秦岭北麓周至县楼观镇，西距周至县城 25km，东距西安市 70km，是陕西唯一在全省范围内对国家重点保护Ⅰ、Ⅱ级野生动物实施野外救护、饲养繁殖、科学研究与公众教育的单位。中心筹建于 1987 年，1993 年经国家林业局批准正式成立，是我国首批建立的濒危野生动物救护机构，以抢救、收容、饲养、繁殖和研究国家级重点保护动物大熊猫、川金丝猴、羚牛、朱鹮等为重点。

中心现有大熊猫基地、朱鹮基地、金丝猴馆、褐马鸡饲养区、综合抢救区、兽医院及其他珍稀鸟类饲养区等。

三、思考题

1. 引起物种濒危的原因有哪些？哪些物种更易发生濒危？
2. 目前常通过哪些方法和途径对珍稀濒危动物进行迁地保护？

实习三　考察秦岭太白山植被垂直带

一、实习目的

通过实地观察秦岭南、北坡及不同海拔区域的气候、土壤、地形地貌、生态环境和植被类型的变化，形成对山地植被垂直带谱的直观认识。

二、内容介绍

覆盖一个地区的植物群落总体叫该地区的植被(vegetation)。一个地区拥有何种植被类型主要取决于该地区的气候和土壤条件，而地球上植被的分布模式基本上由气候，特别是水热组合状况决定。由于地球表面的水热条件沿纬度或经度发生改变，从而引起植被也沿纬度或经度方向呈水平更替，形成了植被分布的水平地带性，包括由温度变化决定的纬度地带性和由水分变化决定的经度地带性。

水热条件除随纬度或经度发生改变外，还随山地海拔的升高发生规律性变化，从而引起山地植被类型沿着海拔高度的条带状更替，形成具有一定垂直厚度的山地植被垂直地带性。植被的纬度地带性、经度地带性和垂直地带性合称植被分布的“三向地带性”。由山地植被垂直带的组合排列和更迭顺序形成的一定体系，称为山地植被垂直带谱，垂直带谱大致反映了不同植被类型沿纬度方向更替分布的规律，是该地区纬度地带性的“缩影”。

本书第一部分“秦岭概况”中已对秦岭的气候、土壤、生态环境、生物多样性、山地植被垂直带谱等特征进行了介绍。秦岭山地植被垂直带谱以太白山最为典型，该垂直带谱是东亚地区划分山地植被垂直带谱的重要参照标准(任毅等，2006)。

三、思考题

1. 一个地区的植被分布主要受哪些因素影响？
2. 为何在太白山会形成典型的山地植被垂直带谱？

实习四　参观佛坪大熊猫国家级自然保护区

一、实习目的

全方位了解保护区的机构设置、基础设施建设、人员构成、条件保障等基本情况，了解保护区在大熊猫和生物多样性保护与监测工作方面的对策、现状与进展，在保护区生态系统、种群动态、栖息地保护、动植物资源保护、保护区管理等方面开展的科学研究与成果，国内外交流情况，以及工作中面临的困难、未来的发展规划等。

二、内容介绍

佛坪大熊猫国家级自然保护区位于佛坪县西北部，太白山东南侧，地理坐标为107°41′E～107°55′E，33°33′N～33°46′N，总面积 292.40hm^2，海拔 1060～2904km。1978 年，经国务院批准筹建，1980 年正式成立，以保护国宝大熊猫为主。

佛坪国家级自然保护区拥有丰富的动植物资源。根据保护区管理局官方网站资料，保护区现有脊椎动物共 29 目 82 科 227 属 367 种(亚种)。其中兽类共 7 目 26 科 55 属 68 种(亚种)；鸟类 15 目 39 科 131 属 217 种(亚种)；爬行类 3 目 7 科 21 属 26 种；两栖类 2 目 6 科 6 属 12 种；鱼类 2 目 4 科 15 属 15 种。大熊猫分布面积占秦岭分布总面积的 30%以上，分布密度也是我国最大的地区之一。金丝猴数量占秦岭分布的 12%。羚牛约 574 只。已鉴定的昆虫 24 目 165 科 1354 种。其中珍稀蝶类有中华虎凤蝶 *Luehdorfia chinensis* 和三尾褐凤蝶(*Bhutanitis thaidina*)等。

植物共 235 科 755 属 1583 种 13 亚种 162 变种 7 变型。其中，大型真菌类 33 科 66 属 84 种 3 变种；地衣植物 11 科 11 属 21 种；苔藓植物 13 科 14 属 21 种；藓类植物 26 科 61 属 92 种 2 亚种 3 变种蕨类植物 20 科 43 属 94 种 3 变种；种子植物 132 科 560 属 1271 种 11 亚种 153 变种 7 变型。这些植物中还包括大量的药用植物、淀粉和糖类植物、油料植物、纤维植物、蜜源植物、鞣料植物和经济昆虫寄主植物。

保护区内有丰富的竹类资源。其中秦岭箭竹(*Fargesia qinlingensis*)为模式标本产地，与巴山木竹(*Arundinaria fargesii*)同为秦岭大熊猫的主要食物，分布在保护区 70%以上的区域。此外，保护区还有刚竹(*Phyllostachys viridis*)、方竹(*Chimonobambusa quadrangularis*)、龙头竹(*Bambusa vulgaris*)等。

三、思考题

1. 引起大熊猫致濒的因素有哪些?
2. 保护区是如何开展大熊猫保护的?

实习五　参观陕西汉中朱鹮国家级自然保护区朱鹮生态园

一、实习目的

参观位于洋县县城以北 5km 的朱鹮生态园和朱鹮夜宿地，观看朱鹮回巢。重点了解朱鹮的人工饲养和日常管理工作，实地了解朱鹮的生活习性、食料种类、饲喂管理、疫病防治、安全防护设施、夜宿地景观及周边的生态环境特点，目前开展的科学研究项目与取得的成果，国内外交流情况，以及存在的问题和困难、未来的发展规划等。

二、内容介绍

陕西汉中朱鹮国家级自然保护区位于秦岭南坡，地理坐标为 33°08′N～33°35′N，107°17′E～107°44′E，行政区划属汉中市，跨越洋县和城固两县。保护区主体在洋县境内，总面积 375.49hm^2。主要保护对象为朱鹮及其栖息地。

朱鹮（*Nipponia nippon*）古称朱鹭，系朱鹭科（Threskiornithidae）朱鹮属（*Nipponia*）东亚特有种，中型涉禽，体长 67～69cm，体重 1.4～1.9kg。朱鹮是当今世界最濒危的鸟类物种之一，被世界自然保护联盟（IUCN）列入极濒危物种名录，国家Ⅰ级保护动物。从 20 世纪初开始，朱鹮在世界范围内的分布面积和种群数量逐渐减少，并先后在前苏联、朝鲜半岛和日本绝迹。我国朱鹮的分布区域自 20 世纪 60 年代后也逐渐缩小，数量骤减，近 20 年的野外考察未见其踪影，曾一度认为已经灭绝。1981 年 5 月，在陕西洋县八里关乡姚家沟重新发现了数量仅为 7 只的朱鹮种群。1986 年，在中华人民共和国林业部支持下，陕西省人民政府批准成立了陕西朱鹮保护观察站，开始了有计划的保护和拯救工作。2001 年，陕西省人民政府授权陕西省环境保护局批准建立陕西朱鹮自然保护区。2005 年 7 月，国务院批准成立陕西汉中朱鹮国家级自然保护区。

朱鹮喜欢栖息在高大的乔木顶端，生活区域大多邻近水稻田、河滩、池塘、溪流和沼泽等湿地环境，主要以小鱼、泥鳅、蛙、蟹、虾、蜗牛、蟋蟀、蚯蚓、甲虫、半翅目昆虫、甲壳类及其他昆虫和昆虫幼虫等无脊椎动物和小型脊椎动物为食。朱鹮受到生境破坏、天敌威胁和自身生物学性质等的影响而致濒。如森林砍伐、水田改旱田，其生存空间不断收缩；农药和化肥的大量使用也威胁到其生存安全；朱鹮自身繁殖能力低下，抵御天敌的能力较弱。

陕西汉中朱鹮国家级自然保护区属暖温带到北亚热带的过渡气候，温暖湿润，年平均气温 12～14℃，年平均降水量 900～1000mm。区内河流纵横、水塘密布、水源丰富，汉江是区域内最大的河流，主要支流有胥水、酉水、溢水等共 11 条。保护区为山地向低山丘陵的过渡地带，坡缓谷宽，沟底溪水纵横，河谷两岸有成片的水田，是朱鹮的适宜分布区。区内森林植被类型多样，以暖温带落叶阔叶林、北亚热带常绿阔叶林和落叶阔叶混交林为主，森林覆盖率在 60%以上。保护区内植物多达 2560 种，动物 534 种。

三、思考题

1. 引起朱鹮致濒的因素有哪些?
2. 保护区是如何开展朱鹮保护的?

第三部分　基础性实习

实习六　群落环境因子观测

一、实习目的

通过对植物群落小气候、土壤养分和水分含量、土壤 pH、地理位置、地形因子等参数的测定，认识群落环境因子的特点，了解和掌握群落环境因子的测定方法，进一步认识生物与环境之间的相互关系。

二、一般说明

生态环境(eco-environment)分大环境(macroenvironment)和小环境(micro-environment)，前者指宇宙环境、地球环境和地区环境，后者指生物生活的具体地段，即生境或栖息地(habitat)。大环境中的气候称大气候(macroclimate)，小环境中的气候称小气候(microclimate)。大气候现象决定于大地形、地理位置(纬度、经度)和大气环流等因素，而小气候现象则决定于小地形(如丘陵中的谷地和坡地，山体的坡度、坡向和海拔等)、水域和植被等。因此，小气候就是指在小范围内地表状况和性质不同的条件下，由于局部地形、方位和下垫面的辐射特性与空气交换过程的差异而形成的局部气候特点。它在近地面层中表现得最为强烈，不仅气象要素(温度、湿度、风等)的日变化相当大，而且垂直梯度的数量级与自由大气中的也有显著差别。群落小气候或称群落环境是作为下垫面的一种特殊小气候，它的特点在很大程度上受海拔、地形、群落类型、物种组成、种群密度等的影响，并由此引起不同群落间在土壤养分、温度和水分含量等方面的差异。由于群落小气候对生物的生命活动具有更加直接的影响，因而更受生态学研究重视。但在当今全球变化的背景下，大气候变化与植被动态、分布及生态系统生产力等诸多关系的研究也日益受到关注。

地球表层的岩石经过风化作用，逐渐破坏成疏松、大小不等的矿物颗粒，即土壤母质(parent soil material)。土壤就是在母质、气候、生物、地形、时间等多种成土因素综合作用下形成的。土壤是岩石圈外能生长植物的疏松表层，位于陆地生态系统的底部，具有营养物传递、再循环和废物处理等多种功能，为陆生动植物提供了栖息地和基质。土壤是一个重要的生态因子，对土壤环境因子的调查与观测是生态学研究的一项重要内容。

在生态学野外调查中，还必须对所调查种群或群落的地理位置和地形因子进行测定和记录。地理位置决定了群落所处环境的大气候特点，地形因子是间接的生态因子，通过局部范围的光照、温度、水分、养分等的重新分配而决定群落小气候和土壤环境特点。

坡度表示局部地表坡面的倾斜程度，通常以坡面的垂直高度与水平距离的比值计测，常用的表示方法为百分比法或度数法。坡度＝（两点的高程差/两点间的水平距离）×100％，或者坡度＝arc tan（两点的高程差/两点间的水平距离）。坡度等级划分如下：0°～0.5°为平原，0.5°～2°为微斜坡，2°～5°为缓斜坡，5°～15°为斜坡，15°～35°为陡坡，35°～55°为峭坡，55°～90°为垂直壁。坡度不同，太阳入射角不同，坡面获取的太阳辐射量也不同，气温、土温及土壤水分储存和地表径流等生态因子也随之发生变化。坡度大小与水蚀强度有内在关系。我国施行退耕还林工程后，规定＞25°坡地不能耕种。

坡向是指坡面法线在水平面上的垂直投影方向。不同的坡向太阳辐射强度和日照时数有别，其水热状况和土壤理化特性有较大差异，直接造成局部地区气候特征的差异。在北半球，山地南坡辐射收入最多，其次为东南坡和西南坡，再次为东坡与西坡及东北坡和西北坡，北坡最少。

三、观测内容与方法

（一）观测项目

1. 小气候观测

一般包括太阳辐射、空气温度和湿度、降水、风向和风速、二氧化碳浓度、土壤温度和湿度、蒸散量，以及由这些气象要素所决定的环境的辐射平衡、热量平衡、水分平衡、二氧化碳平衡和水汽输送等。

2. 土壤因子观测

一般包括土壤水分、温度、养分、pH、盐分和电导率等参数。土壤含盐量是土中所含总盐分（主要是氯盐、硫酸盐、碳酸盐）的质量占干土质量的百分数。土壤电导率是测定土壤水溶性盐的指标，水溶性盐的含量对土壤性质的影响较大，可根据电导率判定土壤中盐类离子是否是限制植物生长的因素。

3. 地理位置和地形因子测定

一般以调查地点的经度（longitude）和纬度（latitude）表示绝对地理位置，以坡向（aspect）、坡度（slope）和海拔（altitude）大致表示地形特点。

（二）观测仪器

1. 小气候观测仪器

随着科学技术的发展，各种便携式小型自动气象站（如美国产 H21 便携式小型自动气象站）已广泛应用于生态学等领域的小气候梯度观测。便携式小型自动气象站一般都为多通道数据采集系统，可根据实际需求连接多种传感器，以测定空气温度、湿度、风速、风向、降水量、太阳总辐射、生理有效辐射、紫外辐射、气压、叶表面湿度等气象要素。其软件功能强大，可实现数据的定时自动下载和统计处理，并绘图显示。便携式小型自动气象站支架高度一般有 2m、3m 和 10m 三种，可根据不同规范和需要安装传感器。可以固定安装定点监测，也可以组成便携式系统随时随地测量。其供电方式灵活，有电池供电、太阳能板辅助供电或交流电源供电三种。

2. 土壤因子观测仪器

目前在生态学野外调查中对土壤环境因子的观测也已大多采用便携式土壤因子检测仪，它们具有体积小、质量轻、携带方便、自带电源、数据存储、快速测定等特点。例如，基于时域反射原理的各种 TDR 便携式土壤水分测定仪，在工作时产生高频电磁波沿着探针上的波导体传输，并在探头周围产生一个电磁场，电磁波传输到波导体的末端后又反射回发射源，由于土壤结构的不同导致电磁波传输的速率也不同，通过采集时间信号，可直接测量土壤介质的介电常数，介电常数又与土壤水分含量的多少有密切关系，土壤含水量即可通过模拟电压输出，由读数表内嵌程序计算并显示出来，同时可通过内嵌传感器测得土壤温度和电导率参数。又如，IQ 150 土壤原位 pH 计，带有不锈钢材料探针，内置场效应晶体管离子感应硅芯片，可直接插入潮湿土壤测量 pH 和温度。这些仪器的使用，极大地满足了野外多点调查时大量的测定需求。

便携式土壤因子检测仪在使用时一般都是将手持式读数表与探头连接，将探针插入群落调查样方内一定深度的土壤层，在显示屏上就可直接读出土壤水分、盐分、温度和 pH 等数据，数据可存储，也可在测定结束后下载到计算机上。一个样方可重复测定 3～5 次。为了满足分层测定的需求，可选用不同长度（如 10cm、20cm 或 30cm）的探针插入土壤进行测定。需要注意的是，这些仪器的探针都较细，在插入土壤时不要用力过猛，如感到有石块等硬物阻挡，切勿用力下压，要拔出探针，变换位置重新插入，否则易折断探针，影响野外测定工作，且更换价格昂贵。

便携式土壤因子检测仪可获得较为准确的土壤水分、温度、pH 和电导率等数据，但要获得准确的土壤盐分和养分含量数据，则需将野外采集的土壤样品带回室内进行测定。目前对土壤常规养分含量的测定（包括土壤有机质、全氮、速效氮、全磷、速效磷、全钾、速效钾等）也多采用全自动大型仪器进行。例如，意大利产 FLOWSYS 流动分析仪是多通道连续流动分析仪。在制备好土壤待测样品后，检测过程由电脑控制，自动化程度高，操作过程简易，测量精度高、速度快，检测结果精确可靠，广泛应用于水质监测、土壤溶液分析和食品分析等领域。该仪器测定参数多样，一次可测定多个样品。

3. 地理位置和地形因子测定仪器

现在常用手持式全球定位系统（global positioning system，GPS）测定调查地点的经度、纬度和海拔。但使用时需同时捕捉到 4 个卫星定位才会获得较好效果，因此，在森林群落内使用 GPS 时会因卫星信号的减弱而受到一定影响。

测定海拔高度也可使用手持式气压海拔仪。由于海拔仪的工作受气压影响较大，晴天和阴天所测海拔略有差异，每次使用前需要在已知海拔地点进行校正。海拔仪有表盘式和数显式。表盘式海拔仪可根据指针所指刻度值读出所在地点的海拔高度。有些表盘式海拔仪表盘外圈的数字表示“米”，内圈数字表示“千米”。要根据不同指针所指刻度确定海拔。目前新的海拔仪产品很多，不仅能测定海拔高度，还可测温度、气压和方位，并有计时功能。

测定坡向和坡度可用一般的地质罗盘仪。

（三）小气候和土壤因子观测步骤与方法

1. 观测地点

在驻地附近有看护条件的落叶阔叶林内和林外空旷地（对照测点）选择样地，安装便携式小型自动气象站，对林冠层和近地面层的小气候进行观测。同时将几个便携式土壤因子检测仪的探头分别置于地表和埋于地下 5cm、20cm 和40cm 处。

2. 观测时间

观测宜在晴朗无云天气的 5:00（日出前）、8:00（上午）、14:00（下午）、17:00（下午）、21:00（日落后）进行。观测太阳辐射（包括总辐射、反射辐射、透射辐射、散射辐射、光合有效辐射和透光率等）、空气温度、湿度、风速、风向、二氧化碳浓度和气压，每次记录 5 个重复。同时记录土壤温度、土壤水分、pH 和电导率等数据，每日 14:00 记录 1 次即可（5 个重复测点）。若仪器数量有限，无法对落叶阔叶林和林外空旷地同日观测，也可分日进行。将观测数据填于附表 1 和附表 2。观测在每日 5 个时间分组进行，小组之间应交接有序。

3. 土壤样品的采集与制备

（1）土壤样品采集

采集土壤样品可在观测日白天进行。按照系统取样法，在所选两块样地中用土钻各取 5 份土样，分别装入布袋，并将写有样地类型和土样编号的标签一同装入，扎紧袋口。取样深度可根据群落类型、土层厚度和研究需要不同，一般在 0～0.5m 深即可。如有需要，以 10cm 深度分层取样。如果是进行群落基本特征调查，可在所设群落样方中钻取一定数量的土样。

（2）土壤样品制备

野外采集的土壤分析样品需要经过风干、分选、挑拣、磨细、过筛、装瓶保存 6 个过程才能得到待测样品。将野外采集的土样带回室内，拣出非土壤部分，如新生体（铁锰结核和石灰结核等）和侵入体（如石头、瓦片、植物根系及残渣等），置于干净的白纸、牛皮纸或塑料布上摊开，要注意保持地面或周围环境洁净、通风，切忌暴晒，以防土壤受到污染。阴干过程中应适时翻动土壤，当土样半干时要将较大土块（尤其是黏性土壤）碾碎，以免完全风干后结成硬块，不易压碎，并继续拣净剩余的杂质，以免影响测定结果。若取回的土壤样品太多，可将阴干的土壤样品混匀，摊成厚薄一致的圆形，用“四分法”去掉一部分样品，留 250g 待用。

阴干的土样需经研磨和过筛才能用于养分分析。研磨和过筛在校内实验室进行。研磨可在口径较大的研钵内进行，然后过筛。过筛时要根据研究目的选用一定目数规格的土壤筛。土壤筛的目数是指在 1 英寸[①]×1 英寸面积(25.4mm×25.4mm)筛网上的孔数,目数越大,孔径越小,孔数越多,筛出的土粒越细。先用带有筛底和筛盖的 1mm 筛孔(18 目土壤筛)的筛子过筛,未通过筛子的土粒,铺开后再次研磨碾压过筛,直至土壤样品全部过筛,只剩杂质为止。取通过 1mm 筛孔的土壤样品进行研磨,过 0.25mm 筛孔(60 目土壤筛)。此样品可测定土壤全氮、全磷、全钾、速效氮、速效磷、速效钾等指标。再取通过 0.25mm 筛孔的部分土壤样品研磨,使其全部通过 0.15mm 筛孔(100 目土壤筛)。此样品可测定土壤有机质。

将过筛后的土壤样品充分混匀,装入自封袋或有磨塞的广口瓶,贴上标签。标签上注明编号、样地类型、土壤深度、筛孔、采样日期等信息。所有样品处理完毕后,登记造册。一般土壤样品可保存半年到一年,待全部分析工作结束后,分析数据核对无误,才能丢弃。保存样品时应避免阳光直射、防高温、防潮湿,且无酸碱和不洁气体等对土壤样品造成影响。

4. 土壤样品的分析

土壤待测样品的制备和盐分及常规养分含量的测定在校内实验室进行。分析结束后将数据填于附表 1 和附表 2。

(四) 地理位置和地形因子测定方法

1. 经度、纬度和海拔的测定

在样地位置打开 GPS,待其捕捉到 4 个卫星定位,即可读取其经度、纬度和海拔。

2. 坡度和坡向的测定

常用的圆盆式地质罗盘仪由磁针、刻度盘、测斜仪、瞄准觇板、水准器等几部分组成,如图 6-1 所示。磁针一般为中间宽两头尖的菱形钢针,安装在底盘中央的顶针上,可自由转动。磁针南端缠有几圈铜丝,可区分磁针的南北两端。水平刻度盘的刻度标示方式是从 0°开始按逆时针方向每 10°一记,连续刻至 360°,0°和 180°分别为 N 和 S,90°和 270°分别为 E 和 W,利用它可以直接测得地面两点间直线的磁方位角。竖直刻度盘专用来读倾角和坡角读数,以 E 或 W 位置为 0°,以 S 或 N 为 90°,每隔 10°标记相应数字。悬锥是测斜器的重要组成部分,悬挂在磁针的轴下方,通过底盘处的觇板转动悬锥,悬锥中央的尖端所指刻度即为倾角或坡角的度数。水准器通常有两个,圆形水准器固定在底盘上,长形水准器固定在测斜仪上。瞄准器包括接物觇板和接目觇板,上盖内反光镜中间有细线,下部有透明小孔,使眼睛、细线、目的物三者成一线,作瞄准之用。

图 6-1 圆盆式地质罗盘仪

---

① 1英寸=25.4mm

坡向测定就是测定所在坡面的方位角，即从子午线顺时针方向到坡向方向线的夹角。测量时手持罗盘仪站在坡面上，面对坡下，放松制动螺丝，使接物觇板指向目的物，即罗盘北端对着目的物，南端靠着自己，进行瞄准，使目的物、接物觇板小孔、盖玻璃上的细丝、接目觇板小孔连在一条直线上，同时使底盘圆形水准器气泡居中，待磁针静止时指北针所指度数即为目的物的方位角。注意：缠有铜丝的指针任何时候所指为南，而另一指针所指为北。罗盘仪中真方位角为000°～360°，如果S极所指数字为225°，N极所指数字为45°，那么坡向应该是北坡偏东45°，记作N45°E。又如，S极所指数字为130°，N极所指数字为310°，那么坡向应该是西坡偏北40°，记作W40°N。

测量坡度时，将罗盘直立，竖直刻度盘向下，并使罗盘仪的长边与坡面呈平行状态，并用中指扳动罗盘底部的活动扳手，使长形水准器气泡居中，读出悬锥中间所指最大读数，即为坡度。测量坡度时，如果地面凹凸不平，可把记录本平放在地面上当作坡面，并使之与坡面平行，将罗盘直立放在记录本上，以便进行测量。

将地理位置和地形因子测定数据填于附表1和附表2。

四、数据计算与结果分析

1. 小气候差异分析

（1）利用SPSS软件，采用两因素方差分析确定落叶阔叶林和林外空旷地及5个测定时段太阳辐射（包括光照强度、总辐射、反射辐射、透射辐射、光合有效辐射和透光率等），空气温度、湿度、风速、风向、CO_2浓度和气压的差异（因素一林内外；因素二测定时间。分析时以林冠层和近地面层的小气候平均值作为落叶阔叶林群落内小气候值）。

（2）采用两个样本平均数的t检验分析比较落叶阔叶林群落内林冠层和近地面层的小气候差异。

2. 土壤因子差异分析

（1）利用SPSS软件，采用两因素方差分析确定落叶阔叶林和林外空旷地不同土层土壤温度、土壤水分、盐分、pH和电导率的差异（因素一林内外；因素二土层）。

（2）采用两个样本平均数的t检验分析落叶阔叶林和林外空旷地土壤有机质、全氮、速效氮、全磷、速效磷、全钾、速效钾含量的差异。

五、思考题

1. 讨论植被覆盖和地形因子与森林小气候及土壤环境变化的关系。
2. 测定地理位置和地形因子时应注意哪些事项？

六、数据记录样表

附表 1　小气候和土壤温度观测记录表

地点:__________群落类型:__________地理位置:__________坡向:__________坡度:__________林下植被状况:__________

班级:__________组别:__________记录人:__________日期:__________

观测时间	重复	太阳辐射/(W/m^2)						大气参数						土壤温度/℃				土壤水分/%	盐分/%	pH	电导率/(s/cm)
		总辐射	反射辐射	透射辐射	散射辐射	光合有效辐射	透光率/%	温度/℃	湿度/%	风速/(m/s)	风向	CO_2浓度/%	气压/Pa	0cm	5cm	20cm	40cm				
5：00	1																				
	2																				
	3																				
	4																				
	5																				
⋮	⋮	⋮	⋮	⋮	⋮	⋮	⋮	⋮	⋮	⋮	⋮	⋮	⋮	⋮	⋮	⋮	⋮	⋮	⋮	⋮	⋮
21：00	1																				
	2																				
	3																				
	4																				
	5																				

附表 2　土壤养分测定记录表

地点：__________群落类型：__________地理位置：__________坡向：__________坡度：__________

林下植被状况：__________

班级：__________组别：__________记录人：__________日期：__________

土样编号	重复测定	全氮/(g/g)	全磷/(mg/g)	全钾/(mg/g)	速效氮/(g/g)	速效磷/(mg/g)	速效钾/(mg/g)
1	1						
	2						
	3						
⋮	⋮	⋮	⋮	⋮	⋮	⋮	⋮
10	1						
	2						
	3						

实习七　种群密度与种群年龄结构调查与分析

一、实习目的

学习和掌握种群密度与种群年龄结构调查与分析的基本方法。

二、一般说明

（一）种群密度

种群是指在特定时期内占据一定领域空间的同种生物个体的集合。种群具有数量特征、空间特征和遗传特征。种群密度（population density）是单位面积、单位体积或单位生境中某一物种的个体数目。种群密度会随季节、气候、食物或养分条件及其他因素的差异发生变化，反映在种群繁殖率与存活率的变化，在一定程度上决定着种群的能量流、资源的可利用性、种群内部生理压力的大小及种群的散布和生产力状况。

对于容易识别和位置相对固定的动植物，可以使用总数量调查法，采用样方密度计测，以此估计整个地区的密度。对于不断移动或直接记数很困难的动物，采用标记重捕等方法估计密度（详见实习十八）。

（二）种群年龄结构

年龄结构（age structure）指种群中不同年龄组个体的数量比例或配置，也称年龄分布（age distribution）或年龄锥体（age pyramid）。按锥体形状，分为三种基本类型：①金字塔型，基部宽，顶部窄，种群中幼龄个体比例很高，老年个体比例低，种群出生率大于死亡率，为增长型种群；②壶型，基部窄，顶部宽，种群中幼龄个体比例低，老年个体比例高，种群死亡率大于出生率，为下降型种群；③钟型，种群中老、中、幼龄个体的比例介于类型①和②，种群出生率与死亡率大致平衡，年龄结构和种群大小保持不变，为稳定型种群。由于种群中不同年龄组的比例对种群的繁殖能力和动态趋势具有决定性影响，年龄结构的研究对于深入分析种群动态和进行预测预报具有重要价值。

然而，不同生物年龄的确定或划分是一个复杂问题。例如，动物年龄鉴别的技术性很强，动物物种不同，鉴别方法也不同。对于牛、马、羊等，一般根据下颌齿的发生、换齿、齿面磨损、形状和方向鉴别年龄；对于鱼类，常以鳞片、鳃盖骨和耳石上的轮纹鉴别年龄；对于龟鳖，则以背甲盾片上的同心环纹数目鉴别年龄。对于木本植物，尽管可通过钻取木芯计数年轮数目来鉴别年龄，也可通过计数轮生枝的数量鉴别某些乔木树种幼苗和幼树的年龄，但由于植物具有无限的再生能力，其年龄往往和生长率或繁殖率没有密切关系，同种、同龄植物的个体大小和生长发育状况往往差异很大。这种特性对于草本植物就更加明显，而且由于它没有形成层，实际上还无法鉴别其真实年龄。因此，对于植物来讲，年龄结构并不能准确反映其种群的繁殖能力和动态趋势。为此，常常根据植物个体的大小级别(size classe)或所处的生活史阶段作为相对年龄来表征其种群年龄结构，研究其种群的繁殖能力和动态趋势。例如，可将乔木的胸径(乔木树高 1.3m 处的树干直径)作为年龄的替代指标，构建种群的胸径大小结构。对于草本植物，可划分出休眠期、营养生长期、生殖期和衰老期，构建种群的生活史阶段结构(stage structure)。实际上，对于具有离散发育期的生物，都可采用这种阶段结构研究种群的动态趋势。如昆虫在卵、不同龄期的幼体及成体阶段个体的存活数量与所占比例都有差异，从而形成阶段结构。分析阶段结构也可以对种群进行有效描述。

三、调查方法

(一) 仪器与用具

测距尺、生长锥、皮尺、钢卷尺、手套、铅笔、海拔仪、罗盘仪、GPS、记录表格。

(二) 方法与步骤

1. 样地选择

选择生境条件相对一致的油松群落作为调查样地，采用随机取样法在样地中设置 5 个 10m×10m 的样方，记录群落样地的基本信息，如地点、群落类型、地理位置、坡向、坡度、坡位、林下植被状况、干扰因素和干扰程度等。

2. 调查方法与步骤

1) 密度调查。计数样方中所有乔木物种的种名和个体数(注意计数幼苗和幼树)。如有倒木或被伐树木，也一并计数。

2) 年龄调查。对于每个物种的成树，用测距尺测量其个体胸径(同时测量长径和短径)，并用生长锥在胸高处钻取木芯，计数木芯上显示的年轮数。对于树木伐根，可直接计数其年轮。年轮模糊不清者，只记录种名和直径，并在该个体序号处用上标“*”号注明。钻取木芯时最好从树木的正南方向钻入，一是因为此面向阳，年轮较宽，容易计数；二是为了减小测定误差。如果某个物种的密度超过 30 株(统计学上的大样本)，则只钻取 30 个木芯，其余仅测胸径；如果个体数小于 30，则全部钻取。对于幼苗和幼树，以轮生枝的数量确定年龄。由于钻取木芯有伤害作用，对于保护物种只测量胸径，确定其大小结构即可。

将密度调查和年龄调查数据填于附表 3。

四、数据计算与结果分析

1. 种群密度

每个物种的种群密度以 5 个样方的平均密度计算，比较各物种密度的大小。

2. 年龄结构分析

(1) 建立胸径-年龄关系的回归方程

以所调查的 5 个样方中物种个体胸径(x)和木芯年轮(y)数据，利用 SPSS 软件，分别对每个物种进行回归曲线拟合，确定胸径-年龄关系的回归方程，并以此估算未测树芯年轮的个体年龄(包括密度超过 30 株树种的个体及标注“*”号的个体)。

(2) 划分年龄级别

以 10 年为一个年龄级，按树种分别统计其某一龄级的个体数和所占百分数(某物种的个体总数以 5 个样方的总个体数计算)。

(3) 以龄级为横坐标，以个体所占百分数为纵坐标，绘制各物种的年龄结构图。据此分析群落中各物种种群的年龄结构和动态趋势。

五、思考题

1. 拟合出的胸径-年龄关系回归方程的意义何在?
2. 如何用生长锥钻取出完整无损的木芯?

六、数据记录样表

附表 3　种群密度与年龄结构调查表

地点:________群落类型:________样方序号:________地理位置:________坡向:________坡度:________

坡位:________林下植被状况:________干扰因素和干扰程度:________

班级:________组别:________记录人:________日期:________

树种名称				树种名称				树种名称				树种名称			
密度	序号	胸径	年龄	密度	序号	胸径	年龄	密度	序号	胸径	年龄	密度	序号	胸径	年龄
	1				1				1				1		
	⋮				⋮				⋮				⋮		
	44				44				44				44		

实习八　种群静态生命表的构建与存活曲线分析

一、实习目的

学习种群生命表与种群存活曲线的概念和意义，掌握构建静态生命表的方法，分析种群在其生活史中存活率、死亡率的发生特征和变化规律。

二、一般说明

（一）生命表

死亡是决定种群数量动态变化的关键因素之一。生命表(life table)是用来描述种群死亡过程的有用工具。生命表可分为动态生命表(dynamic life table)和静态生命表(static life table)两大类。动态生命表(又称特定年龄生命表，age-specific life table)是监测同时(或同期)出生的个体在其生命周期中的存活数动态后编制而成的生命表，也称同生群生命表(cohort life table)或水平生命表(horizonal life table)；静态生命表(又称特定时间生命表，time-specific life table)是在某一特定时间对现存种群进行各龄级存活数和年龄结构调查编制而成的生命表，也称为垂直生命表(vertical life table)。表 8-1 是 Conell(1970)对某岛固着于岩石上的藤壶(*Balanus glandula*)存活数进行逐年观察编制的动态生命表。

表 8-1　藤壶动态生命表(仿 Krebs，1978)

年龄 x	存活数 n_x	存活率 l_x	死亡数 d_x	死亡率 q_x	L_x	T_x	生命期望 e_x
0	142.0	1.000	80.0	0.563	102	224	1.58
1	62.0	0.437	28.0	0.452	48	122	1.97
2	34.0	0.239	14.0	0.412	27	74	2.18
3	20.0	0.141	4.5	0.225	17.75	47	2.35
4	15.5	0.109	4.5	0.290	13.25	29.25	1.89
5	11.0	0.077	4.5	0.409	8.75	16	1.45
6	6.5	0.046	4.5	0.692	4.25	7.25	1.12
7	2.0	0.014	0.0	0.000	2	3	1.50
8	2.0	0.014	2.0	1.000	1	1	0.50
9	0	0	—	—	0	0	—

表中各参数的含义如下：x 是年龄，可以按年龄、月龄或阶段进行分级；n_x 是年龄为 x 期开始时的存活个体数；l_x 是从出生到年龄为 x 期开始时的存活个体比例，也称特定年龄的存活率(age-specific survival rate)，$l_x=n_x/n_0$；d_x 是种群中的

个体从 x 期到 $x+1$ 期的死亡数，$d_x=n_x-n_{x+1}$；q_x 是种群从 x 期到 $x+1$ 期的死亡率，也称特定年龄的死亡率(age-specific mortality rate)，$q_x=d_x/n_x$；L_x 是从 x 期到 $x+1$ 期的平均存活数，$L_x=(n_x+n_{x+1})/2$；T_x 是进入 x 期的全部个体在 x 期以后的存活个体总年数，$T_x=\sum L_x$；e_x 是年龄 x 期开始时的生命期望(life expectancy)或种群中某一特定年龄的个体在未来所能存活的平均年数，$e_x=T_x/n_x$。

编制生命表首先要调查所研究种群的存活数和个体年龄，并对其年龄分级。一般人类、树木等可按5—10年分级，鹿、羊、鸟等按1年分级，一年生生物按月分级。确定年龄分级标准后，不管是动态生命表还是静态生命表，龄级 x 期开始时的存活数 n_x 需要在所设样地中实际调查，而表8-1中其他栏的数据可根据上述公式计算。

生命表中的 q_x 仅表明每一年龄级死亡率的强度。由于 q_x 不能累加计算，因此无法得到经过一个世代的总死亡率。为估计总死亡率效应，引入 K 值(致死力)。$k_x=\lg n_x-\lg n_{x+1}$，$K=\sum k_x$。根据 k_x 的变化，可以知道死亡率在生活史各时期是如何分布的，判断哪一时期死亡率对种群大小影响最大。这一技术称为 K-因子分析。

(二) 存活曲线

将生命表中的 $\lg l_x$ 栏对 x 栏作图获得的曲线称为存活曲线(survivorship curve)，用以直观表达种群在生活史不同阶段存活率的变化过程。Deevey(1947)将存活曲线分为3个类型，即 Deevey Ⅰ型，曲线凸型，幼体存活率高，并在接近其生理寿命时大量死亡，存活率迅速下降。如大型哺乳动物、人类、乔灌木和多年生草本植物种群的存活曲线；Deevey Ⅱ型，曲线呈对角线型，整个世代中，存活率稳定下降。如许多鸟类和昆虫种群的存活曲线；Deevey Ⅲ型，曲线凹型，幼体存活率低，死亡率高，随后种群进入一个具有稳定存活率的时期，直至其寿命终结。如产卵鱼类、蛙类、贝类、松树及大量草本植物种群的存活曲线。

需要说明的是，大部分生物种群并不具有典型的Ⅰ、Ⅱ或Ⅲ型存活曲线，只是更接近某种类型，或介于其中两种类型之间。如很多全变态昆虫种群的存活率随时间下降，但其存活曲线为阶梯形，与Ⅱ型曲线并不完全吻合。

编制动态生命表需时很长，即使是短寿生物，也需长时间的监测，但其价值很高。动态生命表的个体在每个生长发育阶段经历着同样的环境条件与变化，而静态生命表的个体出生于不同年(或其他时间单位)，相同年龄(或年龄级别)的个体实际经历了不同的环境条件。编制静态生命表时假定种群经历的环境没有变化，所以有的学者对静态生命表持怀疑态度，但在难以获得动态生命表数据时，静态生命表仍有重要价值。

鉴于学习的目的，本实习仅要求学生编制乔木物种的静态生命表，并绘制其存活曲线。

三、调查方法

（一）仪器与用具

测距尺、生长锥、皮尺、钢卷尺、手套、铅笔、海拔仪、罗盘仪、GPS、记录表格。

（二）方法与步骤

同实习七。

四、数据计算与结果分析

1. 生命表参数计算

利用实习七中的年龄结构数据，填入附表 4 中 x 和 n_x栏，并计算其他数据。

2. 构建静态生命表

每个小组完成 5～7 个物种的静态生命表构建。

3. 存活率与死亡率分析

每小组 1～2 人完成组内 1 个物种的存活率和死亡率变化分析、绘制存活曲线、存活曲线分析和 K-因子分析。并比较同组不同物种生命表特征及存活曲线的差异。

五、思考题

1. 特定年龄的死亡率(q_x)、k_x 和 K 值(致死力)的生物学意义有何不同？
2. 分析不同物种的生命表特征及其存活曲线存在差异的可能原因？

六、数据记录样表

附表 4　静态生命表

地点：________群落类型：________物种：________地理位置：________坡向：________

坡度：________坡位：________林下植被状况：________干扰因素和干扰程度：________

班级：________组别：________记录人：________日期：________

年龄级别 x	存活数 n_x	存活率 l_x	死亡数 d_x	死亡率 q_x	L_x	T_x	致死力 k_x	生命期望 e_x
1								
⋮								
x								

实习九　种群空间分布格局调查与分析

一、实习目的

通过实地测定和计算，加深对种群空间分布格局概念的理解，掌握调查和检验空间分布格局的方法。

二、一般说明

（一）种群空间分布的类型及形成原因

群落中一个物种的种群个体在其生活空间的位置状态或布局，称为种群空间分布格局（spatial distribution pattern）或内分布型（internal distribution pattern）。该格局反映了水平空间上种群个体之间及生态因子对个体行为、生存和生长的影响。种群空间分布格局的研究是静态研究，比较适用于植物、定居或不大活动的动物，也适用于鼠穴、鸟巢等动物栖居地空间分布的研究。

种群空间分布格局一般有 3 种类型，即均匀型（uniform or regular）、随机型（random）和集群型（clumped or aggregated）。随机分布一般出现在环境资源分布相对均匀，种群内个体间没有彼此吸引或排斥关系时。在潮汐带、荒漠及植物种子自然扩散到新生境时，常出现随机分布格局。但由于均匀一致的生境条件很少出现在较大空间范围内，因此，随机分布格局并不普遍。均匀分布主要是由于种群内个体间的竞争排斥，或向土壤中分泌有毒物质阻止同种植物的定居等作用所致，其理想特征是个体在水平空间内的等距分布。另外，群落优势种的均匀分布、地形或土壤特征的均匀分布也会导致种群的均匀分布。但大多数研究表明，自然种群中均匀分布极为少见。集群分布主要出现在环境资源分布不均匀、植物在母株周围进行有限距离的种子扩散，以及动物的社会行为使其结合成群等情况下。此外，种间相互作用关系也会导致其中一个物种集群分布。例如，附生于某种乔木上的草本植物，或生活于乔木树冠遮阴下的草本植物等，都可表现为集群分布。从广义上讲，这些草本植物的集群分布格局也是环境资源的不均匀分布所致。集群分布是最广泛存在的一种分布格局，其特征是种群个体常成群、成簇或成斑块（patch）分布，各集群的大小、群间距离、群内个体的密度都可能不等，而各集群大多又呈随机分布。

（二）种群空间分布格局的检验

最常用而简便的检验种群空间分布格局的指标是分布系数 C_x（或称扩散系

数)。分布系数=方差/平均值,即 $C_x=S^2/m$。该方法是根据泊松分布中方差与平均值相等的性质(即 $S^2/m=1$),统计和检验自然种群的空间分布格局。其中:

$$m=\frac{\sum x_i}{n}$$

$$S^2=\frac{\sum (x_i-m)^2}{n-1}$$

式中,x_i 是第 i 个样方中某物种的个体数;m 是所有样方中该物种个体数的平均值;S^2 是所有样方中该物种个体数的方差;n 是样方总数。

判断种群空间分布格局的依据是:若统计学上 $C_x=0$,为均匀分布;$C_x=1$,为随机分布;$C_x>1$,为集群分布。在统计学上,采用 t 检验来确定 C_x 的实测值与理论预测值 1 是否有显著差异。t 检验的计算式为

$$t=\frac{\text{实测值}-1}{\text{标准误}}=\frac{C_x-1}{S}$$

式中:S 为标准误,$S=\sqrt{\frac{2}{n-1}}$,n 为样方总数,$df=n-1$,称为自由度。

根据对应的自由度 df 和显著水平 α 下的 $t_{0.05(df)}$ 值,与计算所得 t 值进行比较,若 $t<t_{0.05(df)}$,表示 C_x 的实测值与理论预测值 1 差异不显著,可认为符合泊松分布(随机分布);若 $t>t_{0.05(df)}$,表明 C_x 的实测值与理论预测值 1 差异显著,不属于随机分布。此时即可根据 C_x 的大小判断为其他分布类型。

三、调查方法

(一) 仪器与用具

皮尺、钢卷尺、细绳、计算器、铅笔、海拔仪、罗盘仪、GPS、记录表格等。

(二) 方法与步骤

1. 样方设置

由于在调查前并不知道某个物种的种群为何种分布格局,如果是集群分布,也不知道其斑块大小和变化。如果随机设置样方进行取样,样方的位置和面积大小可能影响调查结果。为克服此缺点,本实习采用相邻格子样方法(Greig-Smith,1983)设置样地,调查对象为草本植物群落。

每个小组选定一块草本植物群落或林下草本植物群落为调查样地,设置一个 10m×10m 的大样方,将其划分成 1600 个 0.25m×0.25m 的网状格子样方,作为一级样方(图 9-1)。记录群落样地的基本信息,如地点、群落类型、地理位置、坡向、坡度、坡位、林下植被状况、干扰因素和干扰程度等。

2. 物种个体数统计与样方逐级合并

1	2	…	39	40
2				
⋮				
39				
40				

图 9-1　网状格子样方示意图

1）分别计数每个一级样方中任意一种植物的个体数，记录于附表 5。野外调查工作即告结束。

2）在室内逐级合并样方，统计各级样方的个体数。进行样方合并的目的是考察样方面积大小与种群空间分布格局的关系，揭示取样面积对分布格局的影响。样方合并的具体方法是：将相邻的 2 个一级样方合并，形成 800 个 0.50m×0.25m 的二级样方，再将相邻的 2 个二级样方合并，形成 400 个 0.50m×0.50m 的三级样方，如此逐级合并至形成 25 个 2.00m×2.00m 的七级样方时为止。合并时先按图 9-1 水平方向，再按垂直方向，如此交替进行。在合并的同时，分别统计各级样方中该物种的个体数。在统计学中，样本数小于 30 就称小样本，代表性降低。因此，样方合并至七级后就不宜再合并了。

四、数据计算与结果分析

1. 分布格局参数计算

分别计算一至七级样方中该物种个体数的 m、S^2 和 C_x 值，记录于附表 6。

2. 分布格局检验

利用 SPSS 软件，对各级样方的 C_x 值进行 t 检验，确定物种在不同取样面积下种群的空间分布格局类型，考察取样面积对分布格局的影响。

注意：一至七级样方的数量 n 分别为 1600 个、800 个、400 个、200 个、100 个、50 个和 25 个，其自由度 df 分别为 1599、799、399、199、99、49 和 24。查 t 值表可知，当 $df>120$ 时，$t_{0.05(df)}$ 值均为 1.980；当 df 为 99、49 和 24 时，$t_{0.05(df)}$ 值分别为 1.982、2.008 和 2.064。依此进行 t 检验。

3. 分布格局变化分析

以样方级别（即取样面积）为横坐标，以 S^2 为纵坐标，绘制取样面积-方差关系图，观察方差随取样面积的变化。如果在某个样方级别出现明显的方差峰值，说明在该取样面积上为集群分布；如果在几个取样面积上均出现方差峰值，说明种群在空间中存在面积大小不同的聚集斑块（即格局的纹理变化），取样面积的大小可近似地看成是聚集斑块的大小。方差峰值越大，说明斑块的聚集强度越高。因此，相邻格子样方法既克服了样方位置和样方大小的影响，又能同时揭示种群空间分布格局（类型、聚集强度和纹理）随取样面积的变化。

五、思考题

1. 克隆植物（clonal plant）的遗传个体（由合子发育而成）和分株个体（由根茎、匍匐茎等营养繁殖器官沿水平空间扩展而成）的种群空间分布格局可能存在何种差异？

2. 在种群空间分布格局调查中，如果采用几条具有一定间隔、相互平行的连续样方格子的样带进行取样，能否克服随机设置样方带来的样方位置和样方大小的影响？

六、数据记录样表

附表 5　一级样方种群个体数量记录表

地点：________群落类型：________物种：________地理位置：________坡向：________坡度：________坡位：________林下植被状况：________干扰因素和干扰程度：________

班级：________组别：________记录人：________日期：________

	1	2	3	4	5	6	7	8	9	10	11	12	13	14	15	16	17	18	19	20	21	22	23	24	25	26	27	28	29	30	31	32	33	34	35	36	37	38	39	40
1																																								
⋮																																								
40																																								

附表 6　种群空间分布统计表

地点：________群落类型：________物种：________地理位置：________坡向：________

坡度：________坡位：________林下植被状况：________干扰因素和干扰程度：________

班级：________组别：________记录人：________日期：________

样方级别	样方数量 N	个体数 n	m	S^2	Cx	df	t 值	P 值	格局类型
一级									
⋮									
七级									

实习十　植物群落的物种组成与物种多样性特征调查与分析

一、实习目的

学习和掌握群落物种组成、数量特征及物种多样性的调查与分析方法。

二、一般说明

（一）最小取样面积

植物群落(plant community)是指在某一时间聚集在同一空间内的各物种种群的集合。任何群落都具有一定的物种数量、物种组成及相应的结构与外貌。由于物种数量和物种组成的不同，不同群落在结构和外貌等方面存在很大差异。物种组成是区别不同群落、研究群落与环境相互作用关系的首要特征。而一个群落的物种数量及每个物种个体数的多少，则是度量该群落物种多样性特征的基础。群落学研究一般都是通过设置一定取样面积的样方，从分析群落物种数与物种组成开始。特定群落的物种数是相对稳定的，但其在一定取样面积范围内变化很大。取样面积过小，不能包括群落中的多数物种，不具有代表性，无法准确描述群落的特征；取样面积过大，时间和人力上的花费又太大，没有必要。因此，在调查群落的物种数与物种组成之前，首先要确定最小的取样单位面积，然后以一定数量该面积的取样单位开展调查。法国生态学家用标准巢式样方研究世界各地不同草本植被类型的种类数目特征，所用样方面积最初为 $1/64m^2$，之后依次为 $1/32m^2$、$1/16m^2$、$1/8m^2$、$1/4m^2$、$1/2m^2$、$1m^2$、$2m^2$、$4m^2$、$8m^2$、$16m^2$、$32m^2$、$64m^2$、$128m^2$、$256m^2$、$512m^2$ 等，根据物种数与取样面积间的关系，他们认为适于描述各种草本植物群落基本特征的最小取样面积应该包括群落中 85％的物种，也称为群落的最小表现面积。

长期的群落生态学研究经验数据表明，不同类型的群落所含物种数差别很大，最小取样面积也不同。物种数越多的群落类型，最小取样面积越大。一般情况下，热带雨林为 $2500m^2$($50m\times50m$)，北方针叶林和阔叶林为 $400m^2$($20m\times20m$)，灌丛群落为 $25\sim100m^2$[($5m\times5m$)～($10m\times10m$)]，草原群落为 $1\sim4m^2$[($1m\times1m$)～($2m\times2m$)]，草甸群落为 $0.25\sim1m^2$[($0.5m\times0.5m$)～($1m\times1m$)]。因此，在进行群落特征调查时，参照上述经验数据设定样方面积即可。本书关于最小取样面积的实习内容，旨在让学生了解和掌握获取最小取样面积的方法。

（二）群落的物种数与物种组成

群落的物种数是指一个特定群落中有多少物种，也称物种丰富度（species richness）。而物种组成（species composition）是指群落由哪些物种组成，或者包含哪些物种。不同群落的物种数可能相同，但物种组成可能不同。一个群落的物种可大致分为优势种（dominant species）、亚优势种（subdominant species）、伴生种（companion species）和偶见种（rare species）四大类，它们在群落中的地位和作用各不相同。优势种对群落结构和环境形成有明显的控制作用。一般来说，其个体数量多、盖度大、生物量高、体积较大、生活能力较强。群落垂直空间的不同层次各有优势种，而优势层中的优势种常称建群种（constructive species）。如果群落只有一个优势种，则该群落为“单优势种群落”；如果群落有两个或两个以上同等重要的优势种，就称为“共优种群落”或“共建种群落”。优势种被去除后，群落将完全改变。亚优势种的作用仅次于优势种，在决定群落性质和控制群落环境方面也起一定作用。伴生种为常见物种，常与优势种相伴存在，但不起主要作用。偶见种在群落中出现频率低，种群数量少。同一类型的群落中，不同物种的地位和作用还会随环境（如光照、温度、湿度、土壤水分和养分含量的差异及扰动因素和扰动强度的变化等）而变化。美国 Wisconsin 植被生态学派在研究森林群落时提出用重要值（important value，IV）来表征物种在群落中的地位和作用大小。物种重要值是一个综合数量指标，计算公式如下：

$$\text{重要值(IV)}=[\text{相对密度(RD)}+\text{相对频度(RF)}+\text{相对盖度(RC)}]/300$$

一般来说，重要值最大的物种就是优势种，其次为亚优势种；重要值小于 1% 的物种为稀有种或偶见种。除此之外的物种为伴生种。如果物种重要值随时间或空间发生明显变化，必将导致群落特征产生差异。

根据公式可知，要获得物种重要值，必须获得物种的相对密度、相对频度和相对盖度值。其涵义与计算公式如下。

1. 相对密度

相对密度（relative density，RD）是指样方中某物种的密度占所有物种总密度的百分数，反映了一个物种种群繁殖率与存活率的相对高低，在一定程度上决定着种群的能量流、资源的可利用性、种群内部生理压力的大小及种群的散布和生产力状况。

$$\text{相对密度}=\frac{\text{某一物种的密度}}{\text{所有物种的总密度}}\times 100\%$$

2. 相对盖度

相对盖度（relative coverage，RC）也称优势度，是指样方中该物种盖度占所有物种总盖度的百分数，是物种所占群落水平空间和同化面积相对大小的度量，反映了植物利用光资源并影响群落环境的能力，以及物种之间对光资源的竞争关系等。

$$相对盖度=\frac{某一物种的盖度}{所有物种的总盖度}\times 100\%$$

物种的盖度分投影盖度和基部盖度。投影盖度指植物地上部分(树冠或草丛)垂直投影面积占样方面积的百分数,基部盖度指植物基部的覆盖面积(胸高断面积或基径面积)。

乔木物种的投影盖度主要靠经验目测树冠的长、短轴直径。灌木可直接测量其植冠的直径(取长、短轴的平均值),然后从直径换算圆面积表(附录二)中查得。乔木的基部盖度通常是先测量树木胸高直径(树高 1.3m 处长、短轴直径的平均值)或胸高周长,然后由圆周换算圆面积表(附录二)中查得。

草本植物的投影盖度常以"针刺法"获得,即在所测样方上架设一个与样方同样大小、有 100 个等分小方格的网状支架,在网状小格的 100 个十字形交叉点处,逐一用自行车轮的辐条垂直插向地面(模拟光照的垂直投影),记录每刺一针时与辐条接触的植物种类。如果同一物种在每刺一针时的接触次数大于 1,则只计 1 次。刺完 100 针后,逐一统计每个物种与辐条的接触次数,接触百分数即为其投影盖度。而群落的总投影盖度则以 100 针中接触到植物的针数百分数计算。这种方法虽然较为准确,但很耗时,在野外大规模采样时有困难。因此,也常用目测法估计草本植物的盖度。草本植物的基部盖度常以草高 1 英寸(2.54cm)的基丛断面积计算。

盖度可分为分盖度(种盖度)、层盖度(种组盖度)和总盖度(群落盖度)。通常,分盖度或层盖度之和大于总盖度,而总盖度应≤100%。由于森林群落包含乔木、灌木、草本植物和苔藓等地被层植物,应采用分层取样的方法测定盖度,并明确各层采用哪种盖度指标,宜于对不同群落进行比较。

3. 相对频度

相对频度(relative frequency,RF)是指某一物种在群落中出现的频率占全部物种出现总频率的百分数。频度是指某一物种出现的样方数占调查样方总数的百分数。相对频度反映了某个物种在群落中分布的相对均匀程度。

$$频度=\frac{某物种出现的样方数}{调查样方的总数}\times 100\%$$

$$相对频度=\frac{某一物种的频度}{全部物种的频度之和}\times 100\%$$

丹麦学者 Raunkiaer 在欧洲草地研究中,用 $0.1m^2$ 的小样圆任意在草地中投掷 100 次,记录每次投掷时样圆内出现的植物种类,然后计算每种植物出现的样圆百分数,得到各个种的频度。

（三）群落物种多样性

在群落中观察到的最显著和连续的现象之一就是物种-多度变化。这个变化促使生态学家提出与群落结构形成有关的核心问题。物种多样性（species diversity）是指群落中物种的数量多少及其个体在种间分布的均匀性程度，是描述物种-多度关系的一种方法，反映了群落的组织化水平，与群落的生态功能具有内在联系。计算物种多样性的公式很多，本书仅介绍最常用的几个物种多样性指数。

1. 物种丰富度指数（species richness index，SRI）

该指数是基于样方中一定数量的个体包含的物种数量来计测物种多样性。公式如下：

$$\mathrm{SRI}=(S-1)/\ln N$$

式中，S 为样方物种数，N 为样方所有物种的总个体数。

2. 辛普森多样性指数（Simpson's diversity index，*D*）

该指数是基于一个无限大的群落总体，随机抽取两个个体属于同一物种的概率大小来计测物种多样性。$D=1-$随机抽取的两个个体属于相同物种的概率。

假设物种 i 的个体数占总个体数的比例为 P_i（即相对密度），那么，随机抽取两个个体属于物种 i 的联合概率就是 P_i^2。如果将群落中全部物种的概率相加，就可得到 D，用公式表示为

$$D=1-\sum_{i=1}^{s}P_i^2=1-\sum_{i=1}^{s}\left(\frac{N_i}{N}\right)^2$$

式中，S 为样方物种数，N_i 为物种 i 的个体数，N 为样方中所有物种的总个体数。$(1-1/S)\geqslant D\geqslant 0$，$D$ 越大，表示同一物种的两个个体被抽出的概率越小，物种多样性越高。

3. 香农-威纳指数（Shannon-Weiner index，*H′*）

该指数用来描述群落中物种个体出现的紊乱和不确定性。不确定性越高，多样性也就越高。其计算公式为

$$H'=-\sum_{i=1}^{s}P_i\ln P_i$$

式中，S 为样方物种数，P_i 为属于物种 i 的个体数占全部物种个体数的比例，即相对密度。H'也包含物种数和均匀性两个因素，其值越大，物种多样性越高。

4. 均匀性指数（evenness index，*E*）

当群落中有 S 个物种，每个物种只有 1 个个体时，H'最大，物种多样性最高。群落的潜在最大多样性 $H'_{\max}=\ln S$。而当全部个体属于同一物种时，$H'=0$，物种多样性最低。如果每个物种的个体数相等，则个体在物种间分布的均匀性也最高，定义为：

$$E = H'/H'_{max}$$

式中，H'为实测物种多样性，H'_{max}为潜在最大多样性。不均匀性 R 则为

$$R = (H'_{max} - H')/(H'_{max} - H'_{min})$$

R 取值为 0～1。

三、调查方法

（一）仪器与用具

皮尺、钢卷尺、细绳、计算器、铅笔、橡皮、标签、辐条、海拔仪、罗盘仪、GPS、记录表格等。

（二）方法与步骤

1．最小取样面积的确定——巢式取样法

（1）样地设置

各小组选定一块地势平坦的草本植物群落作为样地，所选样地要能代表该群落的基本特征，并注意生境条件及群落外貌的一致性，最好选在该群落的中心部位，避免过渡地段。记录群落样地的基本信息，如地点、群落类型、地理位置、坡向、坡度、坡位、干扰因素和干扰程度等。

（2）调查方法与步骤

以面积为 $1/64m^2$ 的一级样方为初始最小样方，记录其中出现的物种数。然后按 $1/32m^2$、$1/16m^2$、$1/8m^2$、$1/4m^2$、$1/2m^2$、$1m^2$、$2m^2$、$4m^2$、$8m^2$、$16m^2$ 的顺序成倍扩大样方面积，如图 10-1 中数字所示顺序，共十一级样方。样方面积每扩大一次，记录一次其中的物种数，将数据记录于附表 7。

每小组完成 3 个巢式样方。

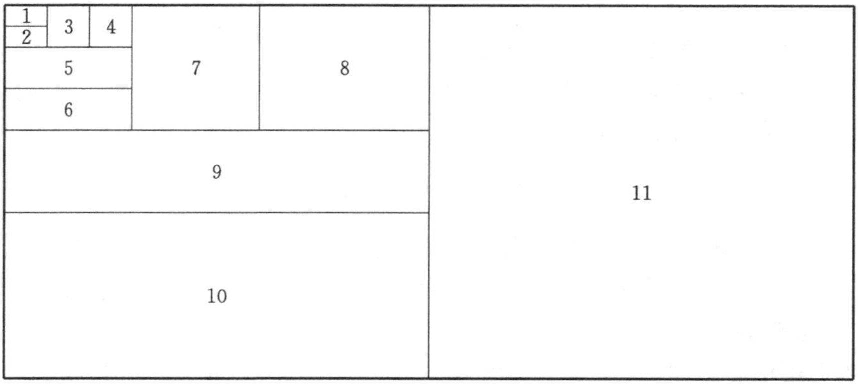

图 10-1　巢式样方及其样方扩大顺序示意图

2. 群落物种数与物种组成调查方法

(1) 样地设置

本实习采用样方法调查群落的物种数与物种组成。样方法是面积取样中最常用的形式，也是植被调查中使用最普遍的一种取样技术。

每个小组在实习地区落叶阔叶林群落的典型地段设置样地，共设 5 个面积为 20m×20m 的样方。样方所处位置的海拔、坡度、坡向和坡位尽可能一致。样方设好后，在样方四角距样方边界 1m 处及样方中央位置设置 5 个 5m×5m 的灌木调查样方，并在每个灌木样方内再设 1 个 1m×1m 的草本植物调查样方。灌木样方采用五点式排列(图 10-2)。然后测定并记录样方所在地点的海拔、地理位置、坡向、坡度、坡位、干扰因素和干扰程度等，并对乔木样方及每个乔木样方内的灌木和草本植物样方编号。乔木、灌木和草本植物样方分别记为 T、S 与 H，如 T1-S3-H3 表示第 1 个乔木样方中第 3 个灌木样方及第 3 个草本植物样方。

注意，在设置样方时，不要在样方内随意走动和踩踏植物，以免影响测定结果。

(2) 调查方法与步骤

按先乔木、后灌木、再草本的顺序，分别测定乔木、灌木和草本植物样方。测定时，首先计数样方物种数及每个物种的密度。乔木物种的盖度以胸高直径或胸高周长换算成圆面积计算，灌木和草本植物的盖度都以投影盖度来测定。以草本植物样方中苔藓和枯落物的覆盖面积百分比表示地被物的盖度。

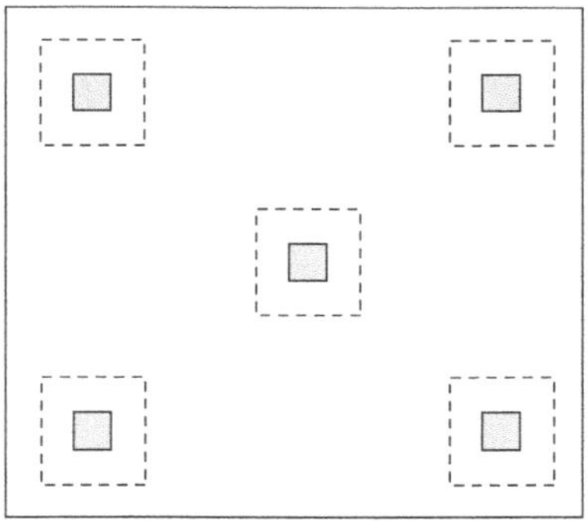

图 10-2 森林群落调查分层取样时的样方设置示意图

图中实线外框为乔木样方；虚线框为灌木样方；虚线内实线填充框为草本样方

上述测定结束后，根据样方记录，分别以 5 个乔木样方、25 个灌木样方和 25 个草本植物样方为样方总数，统计每种乔木、灌木和草本植物的频度。将上述记录和测定数据填于附表 8、附表 9 和附表 10。

四、数据计算与结果分析

1. 确定最小取样面积

根据调查数据，计算 3 个巢式样方同一面积级别样方的平均物种数，绘制物种数(纵坐标)-面积(横坐标)曲线图。随着取样面积逐级增大，物种数-面积曲线的陡度明显变缓处(拐点)所对应的面积即为最小取样面积。一般来说，图中拐点处对应的面积不一定是整数。此时应适当扩大面积，取整数，便于操作。

2. 群落的物种数与物种组成分析

1）统计样地中出现的乔木、灌木和草本植物种数、物种总数及所占百分数。

2）以样方为单位，分别计算乔木、灌木和草本植物的平均物种数及平均物种总数。

3）分别计算每个样方中每种乔木、灌木和草本植物的相对密度和相对盖度，并计算其平均值（乔木、灌木和草本植物分开计算）。根据频度数据计算物种的相对频度。最后计算每个物种的重要值。

4）根据重要值的大小，分别对乔木、灌木和草本植物进行排序，确定所调查群落中乔木、灌木和草本层的优势种、亚优势种、伴生种和偶见种。

5）计算苔藓和枯落物的平均盖度。

6）根据上述结果，描述该群落物种数和物种组成的特点。

3. 群落物种多样性分析

1）利用上述密度数据，分别计算各样方中乔木、灌木和草本植物的物种丰富度指数（SRI）、辛普森多样性指数（D）、香农-威纳指数（H'）和均匀性指数（E），求样方平均值。

2）计算各样方总 SRI、D、H' 和 E，求样方平均值。将上述计算结果记于附表 11。

3）利用 SPSS 软件，进行单因素方差分析，比较群落中乔木、灌木和草本植物的物种多样性差异，分析群落的物种多样性特征。

五、思考题

1. 为什么物种重要值能够反映一个物种在群落中的地位和作用？

2. 如果出现物种数-面积曲线并非饱和增加型，而是线性增加型时，可能说明什么问题？

3. 分别以相对密度和相对重要值计算群落的 D、H' 和 E，结果是否相同？为什么？

六、数据记录样表

附表 7　巢式样方记录表

地点：________群落类型：________地理位置：________坡向：________坡度：________

坡位：________干扰因素和干扰程度：________样方序号：________

班级：________组别：________记录人：________日期：________

样方面积	物种序号	物种名称	样方面积	物种序号	物种名称	样方面积	物种序号	物种名称
⋮	⋮	⋮	⋮	⋮	⋮	⋮	⋮	⋮

附表 8　乔木样方调查记录表

地点：________群落类型：________地理位置：________坡向：________坡度：________坡位：________

干扰因素和干扰程度：________样方序号：________

班级：________组别：________记录人：________日期：________

物种序号	物种名称	密度	相对密度	盖度	相对盖度	频度	相对频度	重要值
⋮	⋮	⋮	⋮	⋮	⋮	⋮	⋮	⋮

附表 9　灌木样方调查记录表

地点：________群落类型：________地理位置：________坡向：________坡度：________坡位：________

干扰因素和干扰程度：________样方序号：________

班级：________组别：________记录人：________日期：________

物种序号	物种名称	密度	相对密度	盖度	相对盖度	频度	相对频度	重要值
⋮	⋮	⋮	⋮	⋮	⋮	⋮	⋮	⋮

附表 10　草本植物样方调查记录表

地点：________群落类型：________地理位置：________坡向：________坡度：________坡位：________

干扰因素和干扰程度：________样方序号：________

班级：________组别：________记录人：________日期：________

物种序号	物种名称	密度	相对密度	盖度	相对盖度	频度	相对频度	重要值
⋮	⋮	⋮	⋮	⋮	⋮	⋮	⋮	⋮
	地被物							

附表 11　群落物种多样性调查分析表

地点：________群落类型：________地理位置：________坡向：________坡度：________坡位：________

干扰因素和干扰程度：________

班级：________组别：________记录人：________日期：________

乔木样方序号	植物生活型	SRI	D	H'	E
1	乔木				
	灌木				
	草本植物				
	总多样性				

续表

乔木样方序号	植物生活型	SRI	D	H'	E
⋮	乔木				
	灌木				
	草本植物				
	总多样性				
平均值	乔木				
	灌木				
	草本植物				
	总多样性				

实习十一　植物群落相似性分析

一、实习目的

学习和掌握群落相似性分析的基本方法。

二、一般说明

在研究群落结构特征和进行群落分类时，常需比较不同地点（如不同海拔、坡向、坡度等）或同一地点不同时间所测群落样本的相似性。群落相似性分析（analysis of community similarity）就是通过比较群落样本，确定两个群落的相似程度。群落相似性分析是植被生态学研究的重要内容，也是进行群落分类的基础。生态学家提出了很多计测群落相似性系数（coefficient of community similarity）的方法。这里仅介绍几种简单常用的计算方法。

（一）Jaccard 相似系数（Jaccard'similarity coefficient，IS_{J}）

其计算公式为

$$IS_{\mathrm{J}}=\frac{c}{a+b-c}\times 100\%$$

式中，a、b 分别表示样方 A、B（或群落 A、B）中的物种总数，c 为两样方中的共有物种总数。c 值越大，两个样方的相似性越大，它们所代表的群落应属于同一类型。当两个样方完全相同时，$IS_{\mathrm{J}}=100\%$。

（二）Czekanowski 相似系数（Czekanowski' similarity coefficient，P）

其计算公式为

$$P=\frac{2C}{A+B}\times 100\%$$

式中，A 和 B 分别是两个相比较的样地（或群落）中所有物种的盖度，C 是共有物种的盖度之和。C 值越大，两个样方的相似性越大。

（三）欧式距离（euclidean distance，ED）

其计算公式为

$$ED_{jk}=\sqrt{\sum_{i=1}^{s}(x_{ij}-x_{ik})^2}$$

式中，j、k 是相比较的两个样地，S 是物种数，x_{ij}、x_{ik} 是两个样地中物种 i 的密度（也可以是任何数量特征值，如盖度或重要值等）。因此，ED_{jk} 度量了两个群落样本在欧式空间中所有物种就某个特定数量特征的差异，ED_{jk} 值越小，群落的相似性越高。

在森林群落中，乔木物种的数量和组成相似性也就决定着群落的相似性。本实习主要针对森林群落中的乔木物种进行调查。

三、调查方法

（一）仪器与用具

皮尺、钢卷尺、计算器、铅笔、橡皮、标签、海拔仪、罗盘仪、GPS、记录表格等。

（二）方法与步骤

1. 样地设置

每个小组在实习地区分布有落叶阔叶林的山地阴坡和阳坡相同海拔地段设置样地（或任何能形成对比的生境都可设置样地），在这 2 个坡向的生境中各设 5 个面积为 20m×20m 的样方。对生境（H）和样方（Q）进行编号，测定并记录样方所在地点的海拔、地理位置、坡向、坡度、坡位、干扰因素和干扰程度等基本信息。注意，在设置样方时，不要在样方内随意走动和踩踏，以免影响测定结果。

2. 调查方法与步骤

参照实习十中乔木样方调查的步骤和方法，测定每个样方中的乔木物种数、每个物种的密度和胸高周长。将胸高周长换算成圆面积计算每个物种的基部盖度。将数据记录于附表 12。

四、数据计算与结果分析

1. 参数计算

生境内（同一坡向）和生境间（不同坡向）共 15 对可比较样方。统计所有成对样方间的共有物种数。计算所有成对样方间的 IS_J、P 和 ED 值。将结果列成矩阵表（附表 13）。

2. 群落相似性比较与分析

比较生境内和生境间群落 IS_J、P 和 ED 值的相似性。在理论上，群落的相似性在生境内应大于生境间。利用 SPSS 软件，分别对生境间（H1 与 H2）群落的 IS_J、P 和 ED 值进行 t 检验。

五、思考题

1. 采用 IS_J、P 和 ED 值比较群落相似性时，结果有何差异？哪个指数更有效?

2. 在研究群落相似性时,如果取样面积不同,会带来何种影响?

六、数据记录样表

附表 12　群落相似性调查记录表

地点:________群落类型:________生境:________地理位置:________坡向:________坡度:________
坡位:________干扰因素和干扰程度:________样方编号:________
班级:________组别:________记录人:________日期:________

物种序号	物种名称	密度	胸高周长	基部盖度
1				
⋮	⋮	⋮	⋮	⋮
n				

附表 13　群落相似性系数计算表

地点:________群落类型:________相似性系数:________地理位置:________坡向:________
坡度:________坡位:________干扰因素和干扰程度:________样方编号:________
班级:________组别:________记录人:________日期:________

生境(H)		H1					H2				
	样方(Q)	Q1	Q2	Q3	Q4	Q5	Q6	Q7	Q8	Q9	Q10
H1	Q1	1.00									
	Q2		1.00								
	Q3			1.00							
	Q4				1.00						
	Q5					1.00					
H2	Q6						1.00				
	Q7							1.00			
	Q8								1.00		
	Q9									1.00	
	Q10										1.00

实习十二　植物群落种间关联分析

一、实习目的

学习和掌握采用联结系数分析植物群落种间关联性的基本方法。

二、一般说明

种间关联(interspecies association)也称种间联结，是指群落中不同物种在空间分布上的相互关联性。在特定群落中，有些物种经常生长在一起，有些则相互排斥。如果两个物种共同出现的次数高于期望值，就称为正关联(positive association)，即一个种依赖于另一个种而存在，或受共同的生物和非生物因子影响而生长在一起。如果它们共同出现的次数少于期望值，则为负关联(negative association)，即由于竞争、化学他感或对环境的不同需求引起。物种之间也可能无关联(no association)，其出现仅受随机因素的影响。因此，种间关联性是各物种在群落中可能存在的相互作用关系的反映，体现了物种生态幅的差异，也是群落中生态因子综合效应的反映。种间关联的研究有助于人们确定群落物种相互作用的形式。

表征种间联结的参数大致有两类，即成对物种间的关联指数和多物种间的关联指数。前者多是通过二元数据计算的，即以物种对出现或不出现的样方数来反映种间联结特性，如联结系数、共同出现百分率、Ochiai 指数和 Dice 指数等。后者是通过连续数据计算的，可同时检验多物种间的关联性，如方差比率法。

(一) 取样单位的面积和数量

由于种间联结是指一定空间范围内的种间关联性，取样面积对调查结果有重大影响。在均质群落中，预计发生正关联的可能性将随样方面积增大而提高。但样方过大，将导致所有物种为正关联。同时，取样单位的数量对结果也有影响。李刚等(2008)对温带落叶阔叶林辽东栎群落主要乔木种间联结特性与取样面积关系的研究表明，45 个 $100m^2$($10m\times10m$)的样方就能比较客观、稳定地反映该群落植物种间的联结特性。出于学习的目的，本实习建议采用的取样面积和取样数量为：森林群落为 20 个 $10m\times10m$ 的样方，草本植物群落为 20 个 $1m\times1m$ 的样方。

（二）2×2 列关联表

样方设好后，调查样方中的物种组成，并统计每个物种出现或不出现的样方数目，将数据填入 2×2 列关联表(表 12-1)。对于具有 S 个物种的群落，将有 $S(S-1)/2$ 个物种对。2×2 列关联表的形式如下：

表 12-1　2×2 列关联表

		物种 B		
		出现	不出现	
物种 A	出现	a	b	$m=a+b$
	不出现	c	d	$n=c+d$
		$r=a+c$	$s=b+d$	$N=a+b+c+d$

表中，a 是两个物种均出现的样方数，b 和 c 是仅出现一个物种的样方数，d 是两个物种均不出现的样方数。

（三）X^2 统计量

X^2 统计量通常用于确定实测值与预期值间偏差的估计。种间联结研究所用的 X^2 检验公式是根据 2×2 列关联表的独立性检验，并经连续性校正获得的 Yates 连续 X^2 分布公式计算的：

$$X_t^2=\frac{N\left(|ad-bc|-0.5N\right)^2}{mnsr}$$

由于具有 i 行、j 列的关联表具有 $(i-1)\times(j-1)$ 的自由度，2×2 列关联表的自由度 $df=1$。$df=1$ 时，5%和 1%概率水平的 X_t^2 理论值分别为 3.841 和 6.635。因此，当 $3.841\leqslant X_t^2\leqslant 6.635$ 时，物种间联结性显著($P<0.05$)；当 $X_t^2>6.635$ 时，物种间联结性极显著($P<0.01$)；如果 $X_t^2<3.841$，物种间联结性不显著($P>0.05$)，即两个物种无关联，彼此无影响，可终止后续计算步骤。如果 X^2 检验显示物种间联结性显著，则继续计算关联系数，以确定种间关联的性质和程度。

（四）关联系数(association coefficient，AC)

关联系数常用下式计算：

$$\mathrm{AC}=\frac{ad-bc}{\sqrt{mnsr}}$$

在 X^2 检验显示物种间具有显著联结性的前提下，AC 的正、负分别表示种间存在正、负关联，AC 的绝对值越大，种间关联的程度越高。

三、调查方法

（一）仪器与用具

皮尺、钢卷尺、计算器、铅笔、橡皮、标签、海拔仪、罗盘仪、GPS、记录表格等。

（二）方法与步骤

1. 样地设置

每个小组选一块森林群落或草本植物群落设置样地。森林群落样地设在落叶阔叶林或油松林中，共 20 个 10m×10m 的样方；草本植物群落样地设在平河梁开阔的林间草地群落，设 20 个 1m×1m 的样方。样方位置视群落样地状况以矩阵形式排列（i 行×j 列），样方矩阵的行与等高线平行，行、列要有一定间距（2～5m）。测定并记录样地的海拔、地理位置、坡向、坡度、干扰因素和干扰程度等基本信息。

2. 调查方法与步骤

对于森林群落，调查各样方中的所有乔木种类。对于草本植物群落，则调查各样方中的所有植物种类。物种存在记为"√"，物种不存在记为"×"。将调查数据填于附表 14。

四、数据计算与结果分析

1. 参数计算

根据附表 14 数据，统计所有成对物种的 a、b、c、d 值，计算相应的 m、n、r、s 值。将计算结果填于附表 15。

2. 关联性检验

采用 SPSS 软件，进行所有成对物种的 X^2 独立性检验。如果物种间联结性显著，则计算其 AC。

3. 群落物种关联性分析

确定群落中发生正、负和无关联的种对比例及其关联性的强弱，分析种间关联性特征，全面认识群落现有物种的种间相互作用性质和作用程度。

五、思考题

1. 种间关联性与物种本身的优势度（或稀有性）是否可能存在联系？如果排除稀有种将对群落物种关联性的分析产生什么影响？

2. 假定物种对 A-B 和物种对 C-D 之间都为正关联，但分别具有专性互利共生（对两物种都必然有利，如若分开，双方或其中一方无法生存）和兼性互利共生（对两物种都有利，分离后仍能独立生活）关系。请问，物种对 A-B 和物种对 C-D 的 2×2 列关联表将有何不同？

六、数据记录样表

附表 14　种间关联性调查记录表

地点:________群落类型:________地理位置:________坡向:________样方面积:________

坡度:________坡位:________干扰因素和干扰程度:________

班级:________组别:________记录人:________日期:________

物种名称	样方																			
	1	2	3	4	5	6	7	8	9	10	11	12	13	14	15	16	17	18	19	20
1																				
⋮																				
n																				

附表 15　种间关联性分析表

地点:________群落类型:________地理位置:________坡向:________样方面积:________

坡度:________坡位:________干扰因素和干扰程度:________

班级:________组别:________记录人:________日期:________

物种对	a	b	c	d	m	n	r	s	X^2	AC
1-2										
⋮										
i-j										

实习十三　草本植物群落基本特征调查与分析

一、实习目的

实习地区植被的主体是森林群落，但在局部地段也分布有草本植物群落，如林间草地、退耕还林撂荒地及河岸草地等。本实习的目的是学习和掌握采用样方法调查草本植物群落的基本特征，达到识别群落的目的。

二、一般说明

（一）样方形状、大小和数量

在草地群落调查中，一般都采用面积取样单位，而 1m×1m 面积的正方形样方是最常用的样方大小和样方形状。从样方数目与植物种数的关系看，5 个 $1m^2$ 的样方已经达到统计学上的要求。从样方大小与生物生产量的关系看，$1m^2$ 的样方所测产量与多次测定的平均值接近。对内蒙古草原的研究表明，就群落数量指标的测定，6 个 $0.5m^2$(0.5m×1m)的样方或 4～5 个 $1m^2$(1m×1m)的样方均可达到满意的结果(姜恕等，1998)。

（二）调查采用的数量指标

描述草本植物群落的数量特征一般采用物种数、物种组成、密度、高度、盖度、频度和地上生物量(aboveground biomass)等指标。利用这些数据可以进行群落物种多样性、梯度分析、排序、数量分类及演替等多项内容的研究。

三、调查方法

（一）仪器与用具

皮尺、钢卷尺、计算器、剪刀、弹簧秤、样圆、铅笔、橡皮、标签、海拔仪、罗盘仪、GPS、记录表格等。

（二）方法与步骤

1. 样地设置

每个小组在实习地草本植物群落的典型地段选择样地，在其中设置 5 个 $1m^2$(1m×1m)的样方，并采用五点式取样排列 5 个样方，如图 13-1 中阴影方框所示，并编号。

样方设好后，测定并记录所在地点的海拔、地理位置、坡向、坡度、坡位、小环境类型（如林间草地、采伐迹地、退耕还林撂荒地或河岸草地等）、干扰因素和干扰程度等生境特点。

2. 调查方法与步骤

1）参照实习十中有关草本样方调查的步骤和方法，测定每个样方中的物种数、物种密度、高度、盖度等指标。

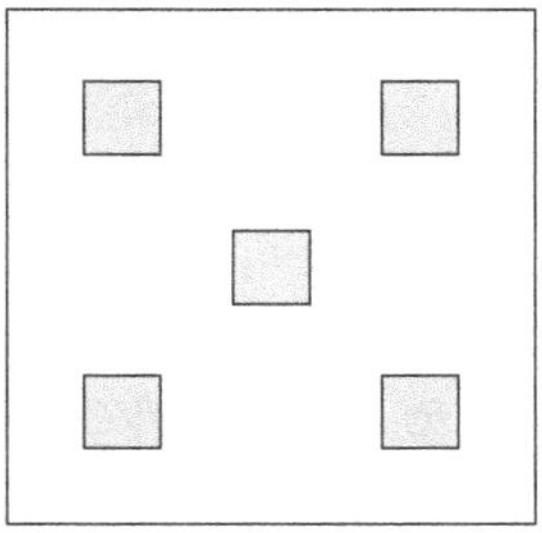

图 13-1　五点式样方排列示意图

物种密度的计测原则上是以遗传单位的个体数为计数单位。但在自然群落中，对于丛生型植物（如禾本科或莎草科植物）的遗传单位个体很难区分，可按“分蘖株”或“株丛数”计数密度。株高是指示植物生长状况的重要指标，可用钢卷尺直接测量目标植物的自然高度，每种植物随机测 10 株即可。对于数量少于 10 株的物种，则全部予以测量。计算株高平均值。测定物种频度时，用 $0.1m^2$ 的小样圆（直径 35.6cm）在样地中随机投掷50 次，记录每次投掷时样圆内出现的植物种类（以“√”表示存在），计算每种植物的频度。

地上生物量是指植物地上部分的质量。群落中所有植物地上生物量之和是表征群落生物生产量高低的重要指标。采用收获法实测每个物种的地上生物量。用剪刀齐地面剪取地上部分，称取鲜重(g)。由于物种、季节及天气条件的影响，植物的含水量变化很大，不能准确反映物种间的质量差异。因此，在条件允许的情况下，应将采集的鲜重样本装入纸袋，做好标记（种名、样方号），在实验室置入 60℃烘箱烘 24～48h，称取干重。

2）将上述调查与测定数据记录于附表 16 和附表 17。

四、数据计算与结果分析

1. 数量指标计算

计算 5 个样方各物种的密度比(D')、高度比(H')、盖度比(C')和地上生物量比(AB')。物种的频度和频度比(F')以投掷样圆所获数据计算。

2. 计算综合优势比

计算各物种的综合优势比（summed dominance ratio，SDR）。计算公式如下：

$$SDR=\frac{C'+F'+H'+D'+AB'}{5}$$

SDR 由日本学者沼田真提出，是用来评价不同植物种在草地群落中地位和作用的综合数量指标，包括二因素($C'+F$)、三因素($C'+F'+H'$)、四因素($C'+F'+H'+D'$)和五因素($C'+F'+H'+D'+AB'$)综合优势比。D'、H'、C'、AB'和 F'是分别以 D、H、C、AB 和 F 值最大的物种为 1 计算的相对值。SDR 与前述的重要值

(IV)意义相似。将计算数据填于附表 17。

3. 群落物种组成分析

按照 SDR 的大小对物种排序，比较各物种的优势度差异，确定所调查群落的优势种、亚优势种、伴生种和偶见种。

五、思考题

对于 SDR 可灵活加以运用，如按照植物种生活周期（一年生、二年生、多年生）、科属、功能群（如豆科与非豆科、C_3 和 C_4 植物）、生长型（直立型、斜生型、密丛型、疏丛型）、繁殖特性（种子繁殖、营养繁殖、兼性繁殖）或高度（上层、中层、下层）等属性，将物种划分成不同类群，计算各类群 D、H、C、AB 和 F 值及 SDR。请问，这样的分析对于研究群落的物种组成、结构和功能特征有何意义？

六、数据记录样表

附表 16　草本植物群落频度调查记录分析表

地点：________群落类型：________地理位置：________坡向：________坡度：________坡位：________

干扰因素和干扰程度：________________

班级：________组别：________记录人：________日期：________

物种名称	物种存在的样圆数	样圆总数	频度	频度比
⋮	⋮	⋮	⋮	⋮

附表 17　草本植物群落调查数量指标记录表

地点：________群落类型：________地理位置：________坡向：________坡度：________坡位：________

干扰因素和干扰程度：________样方编号：________

班级：________组别：________记录人：________日期：________

物种名称	数量指标										
	密度	密度比	盖度	盖度比	频度	频度比	高度	高度比	生物量	生物量比	总优势比
⋮	⋮	⋮	⋮	⋮	⋮	⋮	⋮	⋮	⋮	⋮	⋮

实习十四　森林植物群落基本特征调查与分析

一、实习目的

学习和掌握无样地取样技术中中心点四分法取样的基本原理和操作方法，调查森林群落的基本特征，达到识别群落的目的。

二、一般说明

（一）中心点四分法取样技术

无样地取样技术主要用于森林群落的研究。在其4种测定方法中，中心点四分法被认为是最理想的方法，比较省时，更易操作，与样方取样法的结果相吻合，而其他3种方法都有偏差。

在应用中心点四分法技术时，首先在群落样地内沿着与等高线平行的方向拉一条测绳，固定好。沿测绳在其上随机设置一系列随机点（即中心点）。随机点可每隔20m确定一个，也可视实际情况确定间隔距离，要避免两个随机点测到同一株植物。随机点的数量应不少于20个。以随机点为原点，用罗盘确定一条通过该原点并与测绳垂直的引线，将原点周围的范围分成4个象限。对象限编号，找出各象限内与原点距离最近的植物个体，记录其种名，测定随机点至树干中心的距离及树木的胸高周长，然后从圆周换算圆面积表中查得胸断面积值作为盖度指标。对于胸径小于2.5cm的幼苗或幼树不予记录，可在灌木层中调查。枯树也不予记录。重复上述过程，测定下一个随机点，直到20个样点全部调查完。

（二）群落物种数量特征描述

由于中心点四分法技术是以点-树间的距离作为测定物种密度的依据，所得数据可按以下列步骤整理（宋永昌，2001）。

1. 物种密度（D_i）和相对密度（RD_i）

计算所有随机点4个象限内点-树间距离之和（$\sum d$），并除以距离数计算其平均距离 $\bar{d}$。由于 $\bar{d}=\sqrt{m}$，$(\bar{d})^2$ 即为每一个体的平均占有面积 m。

所有随机点4个象限内某一物种的个体数及所有物种的总个体数分别为 n_i 和 N。单位面积内（如 $1hm^2$）所有物种的总密度 D：

$$D=\frac{10\ 000}{(\bar{d})^2}$$

某一物种的相对密度 RD_i：

$$RD_i = \frac{n_i}{N} \times 100$$

该物种的密度 D_i：

$$D_i = RD_i \times D$$

2. 物种优势度(Do_i)和相对优势度(RDo_i)

计算所有随机点 4 个象限内每一物种的胸断面积之和($\sum DA_i$)及所有物种的胸断面积之和(TDA)。则某一物种的优势度 Do_i：

$$Do_i = \sum DA_i$$

该物种的相对优势度 RDo_i：

$$RDo_i = \frac{Do_i}{TDA} \times 100$$

3. 物种频度(F_i)和相对频度(RF_i)

统计各树种出现的随机点数(p_i)。则某一物种的频度 F_i：

$$F_i = \frac{p_i}{\text{总随机点数}} \times 100$$

该物种的相对频度 RF_i：

$$RF_i = \frac{F_i}{\text{所有物种的频度之和}} \times 100$$

4. 物种重要值(IV)

$$IV = \frac{RD_i + RCo_i + RF_i}{300}$$

三、调查方法

(一) 仪器与用具

皮尺、钢卷尺、测绳、计算器、铅笔、橡皮、标签、海拔仪、罗盘仪、GPS、记录表格等。

(二) 方法与步骤

1. 样地设置

每个小组选择一块落叶阔叶林群落作为调查样地，测定并记录所在地点的海拔、地理位置、坡向、坡度、坡位、干扰因素和干扰程度等。

2. 调查方法与步骤

应用中心点四分法技术对乔木物种进行调查。将调查数据填于附表 18。

四、数据计算与结果分析

1. 数量指标计算

根据附表 18 的数据，计算物种密度(D_i)、相对密度(RD_i)、物种优势度(Do_i)、相对优势度(RDo_i)、物种频度(F_i)、相对频度(RF_i)及重要值(Ⅳ)。将结果填入附表 19。

2. 群落物种组成分析

根据重要值的大小对物种进行排序,确定所调查群落的优势种、亚优势种、伴生种和偶见种,分析群落的结构特点。

五、思考题

1. 根据实际体会,比较中心点四分法与样方取样法的不同和优劣。

2. 能否用中心点四分法的取样数据计算和分析群落的物种多样性特征?请予验证,并与实习十的结果相比较。

六、数据记录样表

附表 18 森林群落中心点四分法调查记录表

地点:________群落类型:________地理位置:________坡向:________坡度:________坡位:________

干扰因素和干扰程度:________________

班级:________组别:________记录人:________日期:________

随机点	象限	物种名称	距离/m	胸高周长/cm	胸断面积/cm²	随机点	象限	物种名称	距离/m	胸高周长/cm	胸断面积/cm²
	Ⅰ						Ⅰ				
	Ⅱ						Ⅱ				
	Ⅲ						Ⅲ				
	Ⅳ						Ⅳ				

附表 19 森林群落中心点四分法调查分析表

地点:________群落类型:________地理位置:________坡向:________坡度:________坡位:________

干扰因素和干扰程度:________抽样随机点数:________

班级:________组别:________记录人:________日期:________

物种名称	数量指标							
	个体数	相对密度	密度	平均优势度	优势度	频度	相对频度	重要值
⋮	⋮	⋮	⋮	⋮	⋮	⋮	⋮	⋮
所有种的个体数		所有种的总密度		所有种的总优势度				

实习十五　外来入侵植物调查

一、实习目的

根据徐海根和强胜主编的《中国外来入侵生物》记载，作者系统查阅了旬阳坝地区维管植物名录，初步筛选出该地区外来入侵植物清单（附录三）。本实习的目的是运用种群和群落基本特征调查技术，对这些外来入侵植物进行调查，确定外来植物在实习地区的入侵生境、入侵范围、入侵程度，以及经济和生态影响等，掌握外来入侵植物的调查方法，并对可能的扩散途径和扩散区域做出判断，提出预防和控制措施。

二、一般说明

（一）外来入侵植物的主要入侵生境及其生活史特征

近年来，随着人类活动的增加，我国外来入侵植物的分布已逐步从交通干线两侧、人口稠密地区及人工生态系统向偏僻地区和自然生态系统扩散。而绝大多数的入侵生境都是受频繁扰动的生境。r-对策者或者杂草对策者更适应于这些扰动的生境，因而更易成为入侵者。这些“杂草性”（weedy）入侵植物的生活史特征包括以下几方面：①发达的休眠机制，在很多环境中均可萌发；②生长、发育和繁殖成熟都很迅速；③表型可塑性高，只要生长条件许可就能不断繁殖；④非特化的传粉机制，包括自花传粉、风媒传粉和非特异性（泛化）的传粉者等；⑤单亲繁殖系统，如自交、无融合生殖或克隆生长；⑥繁殖潜力非常高（兼有种子或者营养繁殖体）；⑦具有短距离和长距离扩散的适应机制（张大勇，2004）。

（二）外来入侵植物的主要类群

我国265种外来入侵植物中，菊科物种数最多，达59种，其次为禾本科，达36种。种数较多还有豆科35种，苋科15种，柳叶菜科12种，茄科11种，十字花科9种。其中，一年生草本植物占52.01%，多年生草本植物占28.86%。草本植物占外来入侵植物种数的4/5以上。在西安地区的调查也表明，菊科种类最多，有14种，其次是禾本科和豆科，各有10种，草本植物占外来植物的绝大多数（祁云枝等，2010）。根据作者对比查阅，旬阳坝地区外来入侵植物中，菊科4种，豆科2种，旋花科2种，柳叶菜科、苋科、伞形科和茄科各1种。除刺槐外，其余均为草本植物（附录三）。本实习将主要针对草本植物展开调查。

三、调查方法

（一）仪器与用具

皮尺、钢卷尺、计算器、铅笔、橡皮、标签、海拔仪、罗盘仪、GPS、记录表格等。

（二）方法与步骤

本实习将采用线路调查、样方对比调查和走访调查相结合的方法，对旬阳坝地区外来入侵草本植物状况进行调查。

1. 线路调查

主要沿 210 国道两侧不同的生境类型（如道路两侧杂草地、农田、退耕还林撂荒地、河滩地、林缘、林内采伐迹地等）进行调查，每种生境设 3 个样地（即重复），每样地设 5 个 1m×1m 样方。沿途深入至山谷道路两侧至林缘，从谷口至谷内，每种生境设 3 个样地，每样地设 5 个 1m×1m 样方。样地设好后，都要测定并记录每个样方的海拔、地理位置、坡向、坡度、坡位、干扰因素和干扰程度等。测定样方中入侵植物的有无和密度，拍摄入侵群落照片及外来入侵植物照片，确定入侵范围和入侵程度。将调查数据记录于附表 20。

2. 样方对比调查

线路调查结束后，选择入侵程度较重的生境和未入侵的同类生境作为比较样地（各选 3 个样地），在其中各设 5 个 1m×1m 样方，测定并记录样地基本信息，对样方编号。参照实习十三的方法，调查相同生境入侵和未入侵群落基本特征的差异，确定入侵对本地群落特征的潜在影响。将调查数据记录于附表 21 和附表 22。

3. 走访调查

对旬阳坝地区居民进行随机走访调查（5～10 户），获取居民对外来入侵植物的辨识能力、何时发现、入侵生境、危害程度（对农作物、环境等）及防治态度等相关信息。将调查信息填入附表 23。

根据附录三，每个小组选 1 或 2 个物种，沿 210 国道进行以上 3 项调查工作，调查区域不要重叠。

四、数据计算与结果分析

1. 物种入侵性分析

根据线路调查和样方对比调查数据，统计入侵植物总数，按科、属、种、原产地、中国分布区、旬阳坝分布范围（地点、经纬度）和生境、入侵程度（根据 SDR 的比较确定）等进行整理和汇总，填入附表 24。

2. 入侵物种的特征分析

查阅资料，并根据调查结果，描述各入侵植物的分类学、生物学和生态学特征。

3. 生境类型与入侵性分析

以线路调查和样方对比调查中入侵植物样方密度为因变量，以样方海拔、坡向、坡度、生境类型(采用哑变量进行编码：1＝道路两侧杂草地，2＝农田，3＝采伐迹地，4＝林缘；5＝退耕还林撂荒地，6＝河滩地。各小组可根据实际生境类型确定编码顺序)等为自变量，利用SPSS软件，进行多元回归分析，揭示各入侵物种的密度与生境类型的关系，确定主要的入侵生境。

4. 入侵物种对群落基本特征的影响分析

根据样方对比调查数据，利用SPSS软件，进行两个样本平均数的t检验，分析入侵和未入侵生境群落基本特征的差异(包括群落优势种、亚优势种和入侵种的SDR、群落物种数和物种多样性等差异)。

5. 实习地区外来植物入侵现状分析

根据线路调查，样方对比调查和走访调查的结果，综合分析该地区外来入侵植物入侵危害程度，对农业生产和生态环境的影响程度及造成该现状可能的原因。

五、思考题

1. 讨论和分析实习地区外来入侵植物可能的扩散途径和扩散区域。
2. 针对实习地区外来植物入侵现状，应该采取哪些预防和控制措施？

六、数据记录样表

附表20　外来入侵植物线路调查密度数据记录表

地点：________群落类型：________地理位置：________坡向：________坡度：________坡位：________
干扰因素和干扰程度：________生境类型：________
班级：________组别：________记录人：________日期：________

物种名称	样地1					样地2					样地3				
	1	2	3	4	5	1	2	3	4	5	1	2	3	4	5
⋮	⋮	⋮	⋮	⋮	⋮	⋮	⋮	⋮	⋮	⋮	⋮	⋮	⋮	⋮	⋮

附表21　入侵植物群落调查频度记录表

地点：________群落类型：________地理位置：________坡向：________坡度：________坡位：________
干扰因素和干扰程度：________________
班级：________组别：________记录人：________日期：________

物种名称	入侵生境				未入侵生境			
	物种存在的样圆数	样圆总数	频度	频度比	物种存在的样圆数	样圆总数	频度	频度比
⋮	⋮	⋮	⋮	⋮	⋮	⋮	⋮	⋮

附表 22　入侵植物群落调查数量指标记录表

地点：________群落类型：________地理位置：________坡向：________坡度：________坡位：________

干扰因素和干扰程度：________生境（入侵或未入侵）：________样方编号：________

班级：________组别：________记录人：________日期：________

物种名称	数量指标										
	密度	密度比	盖度	盖度比	频度	频度比	高度	高度比	生物量	生物量比	总优势比
⋮	⋮	⋮	⋮	⋮	⋮	⋮	⋮	⋮	⋮	⋮	⋮

附表 23　旬阳坝地区入侵植物走访调查记录表

班级：________组别：________记录人：________日期：________

户主姓名	识别的入侵植物	何时发现	入侵生境	危害程度	防治态度
⋮	⋮	⋮	⋮	⋮	⋮

附表 24　外来入侵植物及入侵程度调查表

班级、小组：________样方编号：________样方大小：________日期：________

科名	属名	种名	原产地	中国分布区	旬阳坝分布范围和生境	入侵程度 *
⋮	⋮	⋮	⋮	⋮	⋮	⋮

* 根据 SDR 将入侵程度分轻度、中度和重度三级。轻度入侵：$SDR_{入侵物种} \leqslant SDR_{本地稀有物种}$；中度入侵：$SDR_{入侵物种} \geqslant SDR_{本地半生物种}$；$SDR_{入侵物种} \geqslant SDR_{本地优势或亚优势物种}$

实习十六　底栖大型无脊椎动物调查与河流水质生物学评价

一、实习目的

学习和掌握以底栖大型无脊椎动物的监测进行河流水质生物学评价的方法。

二、一般说明

水质评价有两类方法：化学监测(chemical monitoring)和生物监测(biological monitoring)。化学监测一般是采样时水质的静态“快照”，由于对多种毒性物质还没有相应的检测方法，或者其浓度低于检测限而漏检，化学监测一般会低估水质的真实污染状况，不能提供污染对生物体质量或水域生态系统健康的直观信息(刘玉等，2004)。而底栖大型无脊椎动物(benthic macroinvertebrate)体型较大、易于识别，在河床上的生活位置相对固定、生活周期较长(一般多于几星期和少于一年)、对污染敏感且缺乏有效的回避运动能力，故常用作评价水质，特别是流动水体水质的生物监测者和指示生物类群(王建国等，2003；刘玉等，2004)。为了获取水域较完整的水质状况评估，生物监测是必需的(刘玉等，2004)。

底栖大型无脊椎动物是水生生态系统分解者亚系统的重要组分，在维持该系统正常的能量流动和物质循环中具有关键作用。如石蝇幼虫以落入河流的树叶为食，为碎裂者；石蛾幼虫滤食水体中的有机颗粒，为搜集者；蜉蝣幼虫刮食石砾表面的藻类和死有机物，为刮食者。由于不同类群的底栖大型无脊椎动物对河流污染具有不同的耐受性，通过监测其种群数量变化，就能准确反映河流水质状况。

(一) 底栖大型无脊椎动物耐污值

利用水生生物评价河流健康的指标很多，而基于耐污值构建的底栖大型无脊椎动物评价指标目前使用最普遍。依据长期对其生活史和生活特征的研究与观测，发现不同类群的底栖大型无脊椎动物对污染耐受性具有极高的差异性，从最敏感类群到最耐污类群均有分布(耿世伟等，2012)。例如，毛翅目的石蛾幼虫生活在湖泊和溪流中，偏爱较冷而无污染的水域，其生态适应性相对较弱，是显示水流污染程度的较好指示昆虫。襀翅目的石蝇幼虫大多生活在通气良好的水域，如溪流、河川、瀑布和湖泊的石头下面，成虫通常出现在靠近淡水的陆地，它们对水中的化学物质反应较敏感，可用于监测水质污染状况。蜉蝣目的蜉蝣成虫是截至 21 世纪初已知的寿命最短的昆虫，主要分布在热带至温带的广大地区，受温度、底质、水质和流水速度等的影响很大，其稚虫喜欢在含氧量高的水域中生活，也是监测水质污染程度的指示生物。我国近年在利用水生昆虫进行水质监测时多借鉴 Hilsenhoff 针对美国 Wisconsin 和 North Carolina 区域水生昆虫提出的 8 目 69 科的经典耐污值。王建国等(2003)根据对庐山 22 个点底栖大型无脊椎动物的连续调查,核定了在我国常见或我国及邻近地区有分布记录的多数类群的耐污值。作者根据对比查阅,旬阳坝地区有底栖大型无脊椎动物共 18 目(纲)96 科,其耐污值见附录四。本实习利用这些耐污值对实习地区河流进行水质生物学评价。

(二) 底栖大型无脊椎动物生物评价指数计算及其等级标准

基于物种丰富度与耐污值构建的水质评价指标的典型代表为生物指标(biotic index,BI)(Chutter,1972)。Hilsenhoff 在此基础上,提出基于科级分类单元的生物学评价指标,即科级生物指标(family biotic index,FBI)(Hilsenhoff,1982)。BI 和 FBI 的计算公式如下:

$$\mathrm{BI} = \sum_{i=1}^{S} \frac{N_i t_i}{N}$$

$$\mathrm{FBI} = \sum_{i=1}^{S} \frac{n_i t_i}{N}$$

在 BI 中,S 是物种数,N_i 是物种 i 的个体数,t_i 是物种 i 的耐污值,N 是总个体数;在 FBI 中,n_i 是科 i 的个体数,t_i 是科 i 的耐污值,N 是总个体数。BI 和 FBI 值越大,河流的健康状况越差(表 16-1)。

表 16-1　生物评价指标等级划分标准

底栖大型无脊椎动物生物评价指数	健康(极清洁)	良好(很清洁或清洁)	一般	较差(轻度污染和污染)	极差(严重污染)
BI	0.00～3.50	3.51～5.50	5.51～6.50	6.51～8.50	8.51～10.00
FBI	0.00～3.75	3.76～5.00	5.01～5.75	5.76～7.25	7.26～10.00

资料来源:刘玉等,2004;耿世伟等,2012。有删节

BI 是计算不同类群的相对丰富度及类群的耐污值乘积,既反映了底栖动物群落的耐污特征,也反映了不同耐污类群的多度。FBI 的原理与 BI 一致,但主要考虑科级分类单元的耐污值,极大地提高了指数计算的效率,广泛应用于快速生物评价(耿世伟等,2012)。底栖大型无脊椎动物 BI 比较适合评估流域土地利用对河流生态系统的影响,FBI 可以有效指示河流酸污染与氨氮污染(耿世伟等,2012)。

本实习仅采用 FBI 对调查区域的河流水质划分等级,并进行生物学评价。

表 16-1 中“健康”、“良好”、“一般”、“较差”、“极差”5 个等级,分别对应于中华人民共和国地表水环境质量标准(GB 3838—2002)中依据地表水水域环境功能和保护目标划分的五类水质。Ⅰ类水质,主要适用于源头水、国家自然保护区;Ⅱ类

水质，主要适用于集中式生活饮用水地表水源地一级保护区、珍稀水生生物栖息地、鱼虾类产卵场、仔稚幼鱼的索饵场等；Ⅲ类水质，主要适用于集中式生活饮用水地表水源地二级保护区、鱼虾类越冬场、洄游通道、水产养殖区等渔业水域及游泳区；Ⅳ类水质，主要适用于一般工业用水区及人体非直接接触的娱乐用水区；Ⅴ类水质，主要适用于农业用水区及一般景观要求水域。

三、调查方法

（一）仪器与用具

彼得生(Peterson)采泥器(开口面积 10cm×20cm)、40 目筛网、解剖盘、50ml 标本瓶、10%甲醛、70%乙醇、计算器、铅笔、橡皮、标签、海拔仪、GPS、记录表格等。

（二）方法与步骤

1. 采样点设置

沿流经旬阳坝镇南北向的月河支流设置采样点。以旬阳坝镇为中心，在上游距镇 5km 处、镇入口处、镇中心处、镇出口处、下游距镇 2km 处(大茨沟口)共设 5 个取样点，以调查此流域范围内的河流水质变化。

2. 采样与鉴定

每个小组在各采样点选择 20m 长的采样区，利用采泥器采集底栖大型无脊椎动物样本，共采 3～5 个平行样，以减小采样误差。将样品倒入 40 目筛网筛洗干净，在解剖盘中将底栖动物拣出，置入 50ml 标本瓶，贴上标签，注明采集地点、平行样号、采集日期等，同时记录采集地点的海拔、经纬度。用 10%甲醛保存标本后带回室内鉴定到科、属或种。

标本鉴定后计数其个体数，折算为密度(个/m^2)。将调查数据记入附表 25。

3. 人类活动与污染源调查

沿整个采样区河段，统计居民生活废水排放口的数量和位置、垃圾堆数量、大小和位置，以及两岸农田的大致面积、化肥和农药使用量及种类。这些都是人类活动引起水质有机物污染的来源。

四、数据计算与结果分析

1. 计算 FBI

利用密度数据和附录四中的耐污值数据，计算 FBI。将计算数据记入附表 25。利用 SPSS 软件，进行单因素方差分析，确定取样点之间 FBI 的差异。根据表 16-1 和计算出的 FBI，划分不同河段的水质等级，结合污染源调查，分析引起水质变化的可能原因。

2. 底栖大型无脊椎动物群落物种多样性分析

计算底栖大型无脊椎动物群落的香农-威纳多样性指数 H'(详见实习十)。将计算数据记入附表 25。采用单因素方差分析，确定取样点之间物种多样性的差异。分析不同河段底栖大型无脊椎动物群落物种组成和物种多样性变化，说明水污染对底栖动物群落的影响。

五、思考题

1. 你认为可以采用何种方法分析 FBI 对不同类型人为干扰活动的响应？
2. 两种生物学评价指数的评价结果是否可能有差异？若有差异，原因何在？

六、数据记录样表

附表 25　底栖大型无脊椎动物调查表

班级、小组：________海拔：________经纬度：________日期：________

采样点及距镇方向和距离：1：________ 2：________ 3：________ 4：________ 5：________

种(属、科)名称	河段、采样点及动物密度														
	1			2			3			4			5		
	1	2	3	1	2	3	1	2	3	1	2	3	1	2	3
⋮	⋮	⋮	⋮	⋮	⋮	⋮	⋮	⋮	⋮	⋮	⋮	⋮	⋮	⋮	⋮
FBI															
H'															

实习十七　鸟类群落的物种组成与结构调查分析

一、实习目的

学习和掌握森林鸟类群落物种组成和结构的调查分析方法。

二、一般说明

森林鸟类是森林生态系统中种类和数量最丰富的陆栖脊椎动物类群，它们对于促进森林天然更新、传播植物种子及花粉、控制森林害虫和害兽等方面起着重要作用。

（一）鸟类物种多样性与植物群落结构

不同类型的植物群落环境差异很大，而每种植物群落内部还存在明显的垂直结构，各垂直层次的微生境条件也不同。由于鸟类在栖息地微环境要求和取食习性等方面的差异，鸟类的物种组成和物种多样性因植物群落类型及其结构而异。MacArthur(1975)对鸟类物种多样性与植物物种多样性及取食高度多样性（垂直层次）之间关系的研究表明，尽管鸟类物种多样性与植物种数正相关，但其关系程度不如与取食高度多样性密切(MacArthur，1975)。取食高度多样性是对植物垂直分布中分层和均匀性的测度，植物群落的空间结构越复杂，分层越多，取食多样性和微生境类型越高，躲避捕食者的场所越多，鸟类的物种多样性就越高，鸟类群落的结构也越复杂。对于鸟类生活而言，植物群落的分层结构比其物种组成更加重要。实习地区具有包括农田在内的多种植物群落类型，其群落环境条件和群落内垂直结构的分化各不相同。调查分析这些植物群落中鸟类的物种组成和结构变化，有助于揭示鸟类与其生存环境间的关系，对于开展鸟类物种多样性的保护具有实际参考价值。

（二）鸟类群落的物种组成与结构调查方法

鸟类的活动范围很大，既在水平空间移动，也在垂直空间移动。鸟类的野外观测一般有样方统计法、样带统计法和样点统计法 3 种（章家恩，2006）。

1. 样方统计法

适于在鸟类繁殖季节进行。一般是设置一定面积和数量的样方（100m×100m 或 50m×50m），在早晨或傍晚计数样方内的种类、数量或鸟巢数，记录其在植物群落内出现的空间位置，如停歇位置距地面的实际高度，或按其在林冠层、灌木层、草本层或地面的出现进行分层记录。统计时可分别就其物种组成、物种丰富度和个体数量在整个植物群落内及在群落垂直空间的分布进行分析。

2. 样带统计法

样带统计法也称样线统计法，即在研究区设置一定长度(L)（如 3～5km）和宽度(W)（如单侧宽度 0.05km）的样带，观察者沿样带均速(2～3km/h)行进，用望远镜记录见到的鸟类种类、个体数量(N_i)、栖落位置及集群状况等，统计所有鸟类的总个体数 TN。为避免重复统计，只记录向后飞的鸟，不记录向前飞的鸟。此方法可计算出单位面积上所遇每种鸟的相对密度 RD_i（即单位面积中鸟类物种 i 的个体数占所有记录鸟类个体总数的百分数）。公式如下：

$$RD_i = \frac{N_i}{TN \times L \times W} \times 100$$

3. 样点统计法

在秋冬季节鸟类集群分布时常采用样点统计法，即在调查区或群落内随机选择一定数量的统计点，在鸟的活动高峰时段逐点进行相同时间（一般 5～20min）的统计。也可以样点为中心划出一定大小的样方（如 250m×250m），进行相同时间的统计。此方法也可计算出单位面积上所遇每种鸟的相对密度。

三、调查方法

（一）仪器与用具

望远镜、计算器、铅笔、橡皮、标签、海拔仪、GPS、记录表格等。

（二）方法与步骤

本实习中，对于森林群落，采用样带统计法进行调查。在旬阳坝镇周围选择落叶阔叶林、天然油松次生林、油松人工林各 3 处，在每处群落中设置 1 条宽 50m、长 300～500m 的样带，沿样带中线行进（行进方向两侧各 25m），借助望远镜观察记录所见鸟的种类、个体数量和第一次见到鸟时其所在的栖息高度。栖息高度划分为林冠上层、林冠中层、林冠下层、灌木层、草本层（含作物层）和地面等 6 个垂直层次。调查时间为上午 5:00～7:00，下午 16:00～18:00。

对于面积较小、呈块状的农田和灌木群落，采用样点统计法进行调查。相同群落均选择 3 处样点，分别在上午 5:00～6:00 和下午 16:00～18:00 进行观察，观察时间为 10～20min，记录所调查农田或灌木群落内所见鸟的种类、个体数量和栖落高度。

各实习小组在选定植物群落、样带和样点后，要注意记录群落类型、样带和样点编号、面积、海拔、坡度、坡向等信息，同时要合理安排人力和时间，进行各项调查工作。

四、数据计算与结果分析

1. 计算相对密度(RD_i)，划分物种成员型

以一种鸟类的个体数量占所有被统计鸟类总个体数的百分比计算相对密度(RD_i)，并按 RD_i 等级对物种成员型进行如下划分：$RD_i>10\%$为优势种，RD_i 在 $1\%\sim10\%$为常见种，$RD_i<1\%$为稀有种(孙忻和王丽，2001)。将调查数据按调查鸟类所属的目、科、种等记入附表 26。

2. 鸟类物种多样性和鸟类群落相似性计算

根据鸟类的相对密度值，以实习十中介绍的物种丰富度指数(species richness index，SRI)和均匀性指数(evenness index，E)，计算不同群落及群落各垂直层次鸟类的物种多样性和均匀性；以实习十一中介绍的 Czekanowski 相似系数(Czekanowski' similarity coefficient，P)计算各群落鸟类物种组成的相似性。将计算数据填入附表 27～附表 29。

3. 鸟类群落物种多样性和均匀性差异分析

利用 SPSS 软件，进行两因素方差分析(群落类型和垂直层次)，确定群落类型之间及群落内不同垂直层次之间物种多样性和均匀性的差异。分析时，以群落类型和垂直层次作为固定因子，将样带或样点作为随机因子(重复)，上午和下午调查所得数据作为样带或样点内平行样本。

4. 植物群落垂直分层多样性与鸟类物种多样性间关系的分析

利用 SPSS 软件，进行一元线性回归分析，确定群落的垂直分层多样性(自变量 x)与鸟类物种多样性(因变量 y)间的关系。自变量 x 的取值视所调查的植物群落样地或样点所含的垂直层次多少，分别取 6、5、4、3、2；因变量 y 的取值则为样地或样点中鸟类物种的总体多样性值。

5. 根据调查和计算结果

分析以下问题：①所调查植物群落中鸟类的种类组成与数量差异；②鸟类群落的物种多样性、均匀性和相似性；③鸟类与栖息环境的关系。

五、思考题

1. 调查结果是否表明植物群落的垂直分层多样性与鸟类物种多样性正相关？

2. 从鸟类物种的生物学和生态学特性说明不同植物群落鸟类物种组成和结构差异的可能原因？

六、数据记录样表

附表 26　不同植物群落中鸟类的物种组成、个体数量和相对密度记录表

班级：________小组：________记录人：________地点：________群落名称：________
海拔：________坡度：________坡向：________样带(点)编号：________
面积：________日期：________

调查时间	鸟类物种名称			垂直层次						相对密度/%	物种成员型
	目	科	种	林冠上层	林冠中层	林冠下层	灌木层	草本层	地面层		
上午											
	⋮	⋮	⋮	⋮	⋮	⋮	⋮	⋮	⋮	⋮	⋮
下午											
	⋮	⋮	⋮	⋮	⋮	⋮	⋮	⋮	⋮	⋮	⋮

注：物种成员型分优势种(DS)、常见种(CS)和稀有种(RS)

附表 27　不同群落及群落各垂直层次鸟类的物种多样性

班级：________小组：________记录人：________地点：________日期：________

调查时间	植物群落名称	样地或样点	垂直层次						群落总多样性
			林冠上层	林冠中层	林冠下层	灌木层	草本层	地面层	
上午									
	⋮	⋮	⋮	⋮	⋮	⋮	⋮	⋮	⋮
下午									
	⋮	⋮	⋮	⋮	⋮	⋮	⋮	⋮	⋮

附表 28　不同群落及群落各垂直层次鸟类物种分布的均匀性

班级：________小组：________记录人：________地点：________日期：________

调查时间	植物群落名称	样地或样点	垂直层次						群落总均匀性
			林冠上层	林冠中层	林冠下层	灌木层	草本层	地面层	
上午									
	⋮	⋮	⋮	⋮	⋮	⋮	⋮	⋮	⋮

续表

<table>
<tr><th rowspan="2">调查时间</th><th rowspan="2">植物群落名称</th><th rowspan="2">样地或样点</th><th colspan="6">垂直层次</th><th rowspan="2">群落总均匀性</th></tr>
<tr><th>林冠上层</th><th>林冠中层</th><th>林冠下层</th><th>灌木层</th><th>草本层</th><th>地面层</th></tr>
<tr><td rowspan="3">下午</td><td></td><td rowspan="3">⋮</td><td></td><td></td><td></td><td></td><td></td><td></td><td></td></tr>
<tr><td>⋮</td><td>⋮</td><td>⋮</td><td>⋮</td><td>⋮</td><td>⋮</td><td>⋮</td><td>⋮</td></tr>
<tr><td></td><td></td><td></td><td></td><td></td><td></td><td></td><td></td></tr>
</table>

附表 29　不同群落鸟类物种组成的相似性

班级：________小组：________记录人：________地点：________日期：________

植物群落名称	落叶阔叶林	天然油松次生林	油松人工林	灌木群落	农田
落叶阔叶林	1.00				
天然油松次生林		1.00			
油松人工林			1.00		
灌木群落				1.00	
农田					1.00

实习十八　小型兽类数量调查

一、实习目的

学习和掌握小型啮齿动物的数量调查分析方法。

二、一般说明

小型啮齿动物种类多、数量大，且与人类经济生活的关系密切，在野外实习中经常遇见，是野外实习时进行动物种群数量调查的重点观察对象。

依据秦岭山地实习环境，学生可采用下列两种数量统计方法。

（一）铗日法

铗日是一个鼠铗放置一昼夜(或一夜)的捕鼠单位。在选定的样地上放置100个鼠铗，经过一昼夜为100铗日，通常即以100铗日作为统计单位。100铗日可能毫无捕获，也可能捕鼠50只以上。统计结果的整理可以是每100铗日的捕获数，即捕获率指标，也可以是1hm^2(100m×100m)面积上的捕获数，即密度指标。

使用铗日法应严格遵守以下几点：①食饵和布铗方式必须保持历次一致，不能中途更换，便于统计结果的比较分析；②如能判定失饵和翻铗是由鼠所致(如鼠铗上留有鼠毛)，则应计入捕获数之内；③遇有刮风、下雨等异常天气，当天的捕获结果不计入正常统计数据之内，其捕获数只作参考；④必须严格处理死鼠及其体外寄生虫，收回的鼠铗也需消毒，一般用来苏水浸半小时，并用清水冲洗晒干即可，工作结束时再全部处理一次。

铗日法的优点是不受地形和季节限制，方法简便易行，而且在短时间即可得到当地鼠类在不同生境中的数量分布资料。缺点是有些鼠类不上铗，外界食物丰富时捕获率常偏低。

（二）标记重捕法

此法是在样地内用笼捕鼠，标记后原地释放，经一定时间再行捕捉，以捕到标记鼠的百分数来推测该样地内实有的鼠数，其原理已在本实习指导“第一部分　背景知识”中介绍，不再赘述。

标记重捕法的调查数据多用于研究鼠类种群生态学的内容，如活动范围、种群结构的内部关系及其变化等。此法用于鼠类数量统计，在数量变动不大的季节，统计的精确度较高，而且在野外实习中捕一部分活鼠，还可用于鼠类生态学多项内容的研究。应当估计到，由于种群内雌、雄、成、幼不同个体的活动性和活动范围并不一致，会影响二次重捕的标记鼠数，从而增大统计结果的误差。此外，此法对数量稀少而活动范围较大的种类不适用。

三、调查方法

（一）仪器与用具

鼠铗、诱饵（常用的有花生米、葵花籽、鲜豆、松籽等）、镊子、棉花、标签、白布袋、捕鼠笼、剪刀、酒精棉球、弹簧秤、计算器、铅笔、橡皮、海拔仪、GPS、记录表格等。

（二）方法与步骤

1. 铗日法

铗日法的工作程序是：选择样地、检查鼠铗、准备诱饵、布设鼠铗、检鼠、整理统计结果。样地要具有代表性和比较性，便于统计结果的比较。在实习地区可选择种植不同作物的 2 或 3 种农田作比较，也可选择农田与其他自然群落作比较。在每种生境一般设 3 块调查样地作为重复，便于统计分析。各实习小组在选定样地后，记录生境类型、样地编号、海拔、坡度、坡向等信息。

鼠铗要坚固、轻便、灵敏。食饵种类要因种而异，因地制宜，但要新鲜、一致。布铗的形式应历次一致，一般铗距 5m，行距 50m，50 铗为一行，设 10 行，排列成方形或长方形，便于计算面积。布铗数量依实际情况而定，每种生境至少放置 500 铗才有代表意义。布铗时间多在傍晚或下午，2 人一组，每组 100 铗，置铗时注意小生境，要便于鼠上铗。在布铗处应做标记，便于次日寻找鼠铗和检鼠。检鼠时要携带镊子、棉花、标签及白布袋，在鼠口及肛门塞上棉花，连同鼠铗放入白布袋中，一袋一鼠，袋口要扎紧。对被盗食的和打翻的鼠铗，进行换饵重置，同一地方一般放置一昼夜。检鼠一般在早晨进行，或下午再增检一次。

2. 标记重捕法

样地选择可参照铗日法，样地面积通常应大于 $1hm^2$。

捕鼠笼编号后等距布放，笼距一般 15～20m。每天检查 2 次，将活捕的鼠进行标记，并在样地平面图上记录捕鼠笼编号后，就地释放。依据研究目的和要求不同，可采用染色、剪毛，剪趾、耳标、尾标和腿环等方法标记。使用后 3 种标记方法需要事先做好有编号的铝签。剪趾标记法比较简便，也可编号。剪趾编号的方法是先将鼠的各趾指定为代表一定的数，以剪去的趾表示编号，剪去不同足相应的两趾，即代表一个编号。注意在一个足上一般只剪去一趾，最多二趾，以免影响鼠的活动。剪趾前后都要在剪口处消毒，将趾齐根剪掉，同时记录标记的鼠种、性别、体重、日期和笼号等。

第二次重捕与标记释放的间隔时间不宜过长。第二次重捕时，必然有一部分鼠是标记过的，而另一部分鼠是未经标记的，可用下式计算种群数量：

$$N=\frac{M(n+m)}{m}$$

式中，N 为种群总数，M 为标记个体数，n 为重捕中未标记的个体数，m 为重捕样本中已标记的个体数。

四、数据计算与结果分析

1. 种群数量统计

按照铗日法的捕获率指标和密度指标及标记重捕法的种群总数，分别统计每块样地的调查数据。将调查数据按小型啮齿动物所属的目、科、种等记入附表 30。

2. 生境间和生境内小型啮齿动物种群数量差异分析

利用 SPSS 软件，分别就铗日法和标记重捕法的调查数据进行两因素方差分析（生境类型和小型啮齿动物种类），确定不同生境类型之间和各生境内小型啮齿动物种类之间的数量差异。分析时，以生境类型和小型啮齿动物种类作为固定因子，以样地作为随机因子（重复）。

五、思考题

1. 分析不同生境类型之间和各生境内小型啮齿动物种类之间数量差异的可能原因。

2. 对两种调查方法进行比较，分析哪种方法在实习地区更适用。

3. 利用调查得到的数据，还可进行哪些种群生态学特征分析？

六、数据记录样表

附表 30 小型兽类数量调查记录表

班级：________小组：________记录人：________地点：________调查方法：________

海拔：________坡度：________坡向：________样地编号：________日期：________

铗日法							标记重捕法									
生境类型	样地编号	啮齿动物种类			捕获率	捕获密度	生境类型	样地编号	啮齿动物种类			种群数量				
		目	科	种					目	科	种	♂	♀	体重分级与数量		
														1	2	3
	1															
	2															
	3															
	1															
	2															
	3															
	1															
	2															
	3															

第四部分　研究性实习

一、实习目的

研究性实习的目的是引导学生进行独立思考，培养灵活运用所学知识和方法解决问题的能力，切身体验开展科学研究工作的过程。

二、一般说明

在完成上述实习内容并初步掌握生态学野外调查研究的基本方法后，学生以实习小组为单位，或自由组合成研究性实习组，选定一个小专题开展研究，并撰写研究小论文。开展研究性实习要注意的几个重要环节如下。

1）选题要明确其研究目标和意义，即明确“为什么做”的问题。

2）所选专题的研究目标不宜过大，研究内容适当，主要解决“做什么”能够实现研究目标的问题。因此，研究内容应根据题目和研究目标确定，一般包括 2 或 3 项内容即可，要切合实际，并能在有限的人力和时间内完成。

3）研究题目、研究目标和内容确定后，要提出初步的研究方案。方案包括实验设计、研究方法、研究步骤、数据分析方法、可行性分析和实施计划等方面，即主要解决“如何做”的问题。初步方案制订后，应与指导教师进行充分协商与沟通。研究方案一经确定，应按计划执行，不宜频繁改动。

4）基础性实习的主要目的是学习原理和掌握方法，主要解决“是什么”的问题。而研究性实习则要探究科学问题和规律，不仅解决“是什么”，还要解决“为什么”的问题。因此，在选题和制定研究方案时要注意结合非生物和生物环境变化的影响，如海拔、光照、水分、土壤、地形、人为活动干扰及群落类型等的差异，并在制定研究方案时就予考虑。

三、选题说明

研究性实习具有开放性，本实习指导并未规定具体的研究内容。但考虑到基础性实习主要突出了种群生态学和群落生态学这两项核心内容，本实习指导将以此为基础，将研究性实习列为实习十九和实习二十两项内容，并从相对宏观的角度为学生提出一些选题参考建议，而不作具体的研究内容设计。其目的有 3 个：一是帮助学生拓宽思路，鼓励积极思考，启发学生自拟题目，自定研究方案，开展自主科学研究；二是引导学生将实习中所学的知识、方法和技术与实际问题相结合，并加以灵活运用；三是引导学生将研究性实习进一步延伸，为今后申报校级或国家级大学生创新性研究项目奠定基础。

作者倡导并积极鼓励学生将种群与群落生态学的研究相结合，并能在此选题参考范围之外自由选题，开展生态学小专题研究。相信学生能够拟定出非常精彩和有意义的小专题研究项目。

实习十九　种群基本特征专题研究

一、选题参考

该专题研究主要基于种群基本特征调查的基础性实习内容确定，小专题的野外工作应主要围绕实习驻地不同物种的种群密度与分布调查、种群的年龄结构调查、生命表构建与分析或种群空间分布格局分析等方面的内容展开。研究可针对其中一方面进行，必要时也可结合其中的几个方面进行。

二、研究对象

小专题的研究对象可以是植物或动物，可以是优势物种、珍稀濒危物种、常见物种，也可以是外来入侵物种或有开发利用价值的资源物种。具体研究哪个方面的内容或选择哪类物种进行研究由学生自定。

实习二十　植物群落基本特征专题研究

一、选题参考

该专题研究主要基于植物群落的基本特征调查确定，应主要针对群落的物种数、物种组成与物种多样性变化、群落的相似性及种间关联性分析等内容展开。研究对象可以是森林群落、草地群落、天然群落或人工恢复群落及河流系统和鸟类等群落，也可以是群落中的某些动植物类群的数量特征比较。

二、研究对象

可以考虑开展各种因素影响下的群落特征变化研究，如从人工林与天然林、林内与群落交错区、不同恢复时间（建植时间或撂荒时间）、不同海拔、不同生境及外来物种入侵影响等多方面进行比较研究。

第五部分　数理统计分析方法与应用

实习二十一　实习调查资料的数理统计分析

一、实习目的

学习和掌握实习中常用的几种统计分析方法，如样本平均数的显著性检验、方差分析和回归分析等，并能使用 SPSS 统计软件对数据资料进行分析。

二、一般说明

不论是基础性实习还是研究性实习，都需要对有关样本调查的数据进行数理统计分析，以得出正确的结果和科学的结论。考虑到实习学生均为初学者，对数理统计分析了解甚少，本实习指导首先简单介绍常用的几种数理统计分析方法，然后说明如何采用统计软件 SPSS for Windows(17.0)进行相应的统计分析。

三、几种常用的数理统计分析方法

（一）单个样本或两个样本平均数的显著性检验

1. t 检验

生物学研究中遇到的绝大多数问题，总体平均数 μ 已知，而总体方差 σ^2 都是未知的。在 σ^2 未知时，样本平均数 $\bar{x}$ 与总体平均数 μ 的显著性检验有两种方法。其一是根据以往的经验（大样本）得到一个样本方差 s^2，用 s^2 作为 σ^2 的估计值进行 u 检验。其二，由于使用估计的 σ^2 做检验并不很可靠，因此在实际工作中，一般不用这种方法而广泛使用 t 检验。

对于一个正态分布总体的小样本，若总体平均数 μ 已知而总体方差 σ^2 未知时，小样本平均数 $\bar{x}$ 服从自由度 $df=n-1$ 的 t 分布，可采用样本方差 s^2 估计总体方差 σ^2，并用 t 检验法进行平均数的显著性检验。其步骤如下。

1）建立无效假设 H_0、备择假设 H_A 和显著性水平 α。

$H_0:\mu=\mu_0$，即来自已知总体任何样本的均数与总体均数 μ_0 相等。

$H_A:\mu\neq\mu_0$。如果观察的样本均数显著大于或小于 μ_0，拒绝无效假设，它具有大于或小于 2 个否定区间，称双尾检验；而如果 $H_0:\mu\leqslant\mu_0$（或 $\mu\geqslant\mu_0$），则 $H_A:\mu>\mu_0$（或 $\mu<\mu_0$），这种统计假设仅有大于（或小于）一种可能性，无效假设仅有 1 个否定区间，称单尾检验。究竟采用双尾还是单尾检验，要视具体问题而定。若已知 μ 不可能大于（或小于）μ_0，采用单尾检验，若不能确定 μ 是大于（或小于）μ_0，则采用双尾检验。

显著性水平一般设认为 0.05 或 0.01 两个水平。

2）计算样本平均数 $\overline{x}$、标准差 s 和标准误 $s_{\overline{x}}$。

3）计算 t 值和自由度 df。

$$t=\frac{\overline{x}-\mu_0}{s_{\overline{x}}}$$

$$df=n-1$$

4）查 t 值表比较。

【例 21-1】 已知某玉米品种的平均穗重 $\mu_0=300$g，喷药后，随机抽取 9 个果穗，其穗重分别为：308g、305g、311g、298g、315g、300g、321g、294g、320g。问喷药前、后果穗重是否有显著差异（已知玉米穗重是服从正态分布的随机变量，σ^2 未知）？

t 检验步骤如下：

1）$H_0:\mu=\mu_0=300$，$H_A:\mu\neq\mu_0$。由于问题是“果穗重是否有显著差异”，并没有明确穗重一定增加或一定减少，所以备择假设为 $H_A:\mu\neq\mu_0$。同时，要求检验差异是否“显著”，规定 $\alpha=0.05$。

2）统计量的值：由于 σ^2 未知，需使用 t 检验。

$$t=2.495$$

$$df=8$$

3）因 $H_A:\mu\neq\mu_0$，所以是双尾检验。根据显著水平 $\alpha=0.05$，自由度 $df=8$，查 t 值表，$t_{0.05(8)}=2.306$（双尾）。由于 $t>t_{0.05(8)}$，拒绝 H_0，接受 H_A。

4）结论：喷药前、后果穗重有显著差异，且喷药引起果穗重出现差异的概率是 95%。

例 21-1 是采用 t 检验法对单个样本平均数进行的显著性检验。t 检验也可用于对两个独立样本平均数相比较的显著性检验。此时，有关假设的建立和统计量的计算有所不同。其步骤如下：

1）建立无效假设、备择假设和 α 水平。

$$H_0:\mu_1=\mu_2,H_A:\mu_1\neq\mu_2,\alpha=0.05。$$

2）计算 2 个样本的平均数 $\overline{x}_1$ 和 $\overline{x}_2$、公共方差 s^2、平均数的差数标准差 $s_{\overline{x}_1-\overline{x}_2}$。

$$\overline{x}_1=\frac{\sum x_1}{n_1}$$

$$\overline{x}_2=\frac{\sum x_2}{n_2}$$

$$s^2=\frac{s_1^2(n_1-1)+s_2^2(n_2-1)}{n_1+n_2-2}$$

$$s_{\overline{x}_1-\overline{x}_2}=\sqrt{s^2\left(\frac{1}{n_1}+\frac{1}{n_2}\right)}$$

当两个样本的容量相等时，$n_1=n_2=n$，合并方差。

$$s^2=\frac{s_1^2+s_2^2}{2}$$

$$s_{\overline{x}_1-\overline{x}_2}=\sqrt{\frac{2s^2}{n}}$$

3）计算 t 值和自由度 df。

$$t=\frac{\overline{x}_1-\overline{x}_2}{s_{\overline{x}_1-\overline{x}_2}}$$

当两个样本的容量不相等时，$df=n_1+n_2-2$；当两个样本的容量相等时，$df=2(n-1)$。

4）查 t 值表，确定是否接受 H_0。

【例 21-2】 两种施肥量处理后小麦籽实的小区产量(kg)见表 21-1。试问，两种施肥量(A1 和 A2)下小麦籽实平均产量是否有显著差异？

表 21-1　两种施肥量下小麦籽实产量　　单位:kg

施肥量	重复					Σx	$\overline{x}$
A1	38.8	37.6	37.4	35.8	38.4	188.0	37.6
A2	40.9	39.2	39.5	38.6	39.3	197.5	39.5

资料来源:胡秉民和张全德,1985

根据上述步骤，计算结果如下：

$$\overline{x}_1=37.6;\overline{x}_2=39.5;s_1^2=1.34;s_2^2=0.725。$$

由于两个样本的容量相等时，$n_1=n_2=5$，所以有

$$s^2=\frac{s_1^2+s_2^2}{2}=\frac{1.34+0.725}{2}=1.03$$

$$s_{\overline{x}_1-\overline{x}_2}=\sqrt{\frac{2s^2}{n}}=\sqrt{\frac{2\times1.03}{5}}=0.642。$$

$$t=\frac{\overline{x}_1-\overline{x}_2}{s_{\overline{x}_1-\overline{x}_2}}=\frac{37.6-39.5}{0.642}=-2.959$$

$$df=2(n-1)=2(5-1)=8$$

根据显著水平 $\alpha=0.05$，$df=8$，查 t 值表，$t_{0.05(8)}=2.306$。由于 $|t|>t_{0.05(8)}$，拒绝 H_0（由于 t 分布的对称性，双尾检验时 t 可取绝对值加以比较）。这说明两种施肥量下，小麦籽实平均产量有显著差异，施肥量 A2 处理下的产量显著高于 A1。

2. *F* 检验

t 检验属于单个或两个样本平均数差异的显著性检验，其基本假定是两个总体的方差相等，即 $\sigma_1^2=\sigma_2^2$。这种检验需要事先能够提出合理的参量假设值和对参量有某种意义的备择值。然而，在实际工作中，有时很难提出这样的假设值及备择值，而且往往面临着对多个样本平均数进行比较，这些样本的方差是否相等也是未知的。F 检验就是关于方差是否相等的检验，并可用于两个或多个样本平均数的显著性检验。

F 检验的步骤如下。

1）假定从 2 个正态总体中独立抽取数量分别为 n_1 和 n_2 的 2 个随机样本，计

算出 s_1^2 和 s_2^2。其总体平均数 μ_1 和 μ_2 可能相等也可能不相等。

2）无效假设 $H_0:\sigma_1^2=\sigma_2^2$，备择假设 $H_A:\sigma_1^2\neq\sigma_2^2$。

3）显著性水平：经常用 $\alpha=0.05$（显著）和 $\alpha=0.01$（极显著）两个水平。

4）检验的统计量：F 检验的对象是 2 个样本的方差，规定将 s_1^2 和 s_2^2 中数值较大的一个作为分子，得

$$F=\frac{s_{大}^2}{s_{小}^2}$$

5）F 检验与 t 检验相似，也有附表，可查其临界 F_α 值。由于 F 检验有 2 个自由度，$df_1=n_1-1$ 和 $df_2=n_2-1$，要根据大方差值和小方差值的自由度查附表。若 $F<F_{\alpha(df_1,df_2)}$，则接受 H_0；说明 2 个样本的方差具有同质性，或称方差是齐性的；若 $F>F_{\alpha(df_1,df_2)}$，则拒绝 H_0，接受 H_A。

F 检验也称方差齐性或方差同质性检验，它是方差分析的理论基础。

对于例 21-2，两样本资料的 $s_1^2=1.34$，$s_2^2=0.725$，$df_1=n_1-1=4$，$df_2=n_2-1=4$，故可得

$$F=\frac{s_{大}^2}{s_{小}^2}=\frac{1.34}{0.725}=1.848$$

查 F 分布表，$F_{0.05(4,4)}=6.39$。因为 $F<F_{0.05(4,4)}$，故接受无效假设 $H_0:\sigma_1^2=\sigma_2^2$，即两种施肥量下小麦籽实产量的方差具有同质性。在此基础上，可进一步采用方差分析，确定两种施肥量下小麦籽实产量是否存在显著差异。

（二）方差分析

1. 方差分析的基本原理

方差分析主要是解决多个样本（$k\geq3$）平均数之间差异显著性检验的一种统计方法。为了便于理解，先以实例说明方差分析的基本原理和方法。

【例 21-3】 对 4 个地点麻叶风轮菜（*Clinopodium urticifolium*）的种群密度进行取样，每个地点取 6 个样方（1.0m×1.0m），其数据见表 21-2。试问 4 个地点麻叶风轮菜的种群密度有无显著差异？

表 21-2 麻叶风轮菜的种群密度

地点	各样方种群密度						总和 T_i	平均值 $\overline{x_i}$	$a_i=\overline{x_i}-\overline{x}$
A1	64	72	68	77	56	95	432	72	−1.75
A2	78	91	97	82	85	77	510	85	11.25
A3	75	93	78	71	63	76	456	76	2.25
A4	55	66	49	64	70	68	372	62	−11.75
							$T=1770$	$\overline{x}=73.75$	$\sum_{i=1}^{k}a_i=0$

以 k 代表地点，n 代表地点内的观察值数，共有 kn 个观察值。这里假定影响密度的只有地点 1 个因素，4 个地点就表示 4 个水平。因此该实验称为 4 水平的单因素实验。实验的响应变量（即因变量）是密度，解释变量（即自变量）是地点。

由表 21-2 可知，各地点平均值 $\overline{x}_i$ 与总平均值 $\overline{x}$ 之间存在差异，称为地点（处理）效应，记为 $a_i = \overline{x_i} - \overline{x}$，并有 $\sum_{i=1}^{k} a_i = 0$。此外，同一地点内各观察值 x_{ij} 与该地点平均值 $\overline{x}_i$ 之间也存在差异，称实验误差（或组内）效应，记为 $e_{ij} = x_{ij} - \overline{x}_i$，并有 $\sum_{i=1}^{k}\sum_{j=1}^{n} e_{ij} = 0$。地点的变异效应和实验误差变异效应就构成了总变异。在方差分析中，用方差（又称均方）来度量这些变异的大小，记作 S^2 或 MS。因此，按照引起变异的来源可以得到总变异的均方、地点的均方和实验误差（地点内）的均方这 3 个独立的均方估计值。对小样本均方的估计值为

$$S^2 = \frac{\sum (x - \overline{x})^2}{n-1}$$

式中，分子称离均差平方和，以 SS 表示；分母称自由度，以 df 表示。

此例说明，总变异是各因子变异综合影响的结果。方差分析就是将实验数据总变异正确地分配到构成总变异的各因子中，分析它们对总变异的影响大小，从中判断不同因子引起的变异是否显著。

2. 方差分析的方法与步骤

对于例 21-3，方差分析的具体方法和步骤如下。

1）建立零假设 $H_0: \mu_1 = \mu_2 = \cdots = \mu_i = \cdots = \mu_k$，即各组样本的平均值相等。并确定显著水平，如 $\alpha = 0.05$ 或 $\alpha = 0.01$。

2）列出分组数据资料的统计表（表 21-2）。

3）计算平方和、自由度与均方：

A. 矫正数：$C = \frac{T^2}{kn}$

B. 总平方和：$SS_T = \sum\sum x^2 - C$

总自由度：$df_T = kn - 1$

C. 组间（处理）平方和：$SS_A = \frac{\sum T_i^2}{n} - C$

组间（处理）自由度：$df_A = k - 1$

组间（处理）均方：$MS_A = SS_A / df_A$

D. 组内（误差）平方和：$SS_e = SS_T - SS_A$

组内（误差）自由度：$df_e = k(n-1)$

组内（误差）均方：$MS_e = SS_e / df_e$

4）计算 F 值

$$F = MS_A / MS_e$$

5）根据上述计算结果，列出方差分析表（表 21-3）。

表 21-3　方差分析表

变异来源	自由度(df)	平方和(SS)	均方(MS)	F值
组间（处理）	$k-1$	SS_A	MS_A	MS_A/MS_e
组内（误差）	$k(n-1)$	SS_e	MS_e	
总变异	$kn-1$	SS_T		

6）根据 α、df_A 和 df_e，查 F 检验表，得到 $F_{0.05}$ 和 $F_{0.01}$ 值。若 $F>F_{0.05}$，则拒绝 H_0，实验处理效应大于误差效应，组间（处理间）存在显著差异；反之，则接受 H_0，实验处理效应小于误差效应，组间（处理间）不存在显著差异，方差分析就此结束。同样可根据 F 与 $F_{0.01}$ 值相比较的结果确定是否存在极显著差异。

7）F 检验显著（$F>F_{0.05}$）仅说明组间（处理间）平均值存在显著差异，但并未具体说明是哪几对平均值之间存在差异，还需要对两两平均值间进行多重比较（即多个平均数间的比较）。若有 k 个处理水平，就有 $k(k-1)/2$ 个差数需要比较。下面以常用的提出的新复极差检验（又称 SSR 检验）介绍多重比较的方法。其步骤如下：

A. 计算平均值的标准差 $S_{\bar{x}}$ 为

$$S_{\bar{x}} = \sqrt{\frac{MS_e}{n}}$$

B. 计算 LSR（最小极差值）为

$$LSR_\alpha = SSR_\alpha \times S_{\bar{x}}$$

式中，α 是显著水平，SSR_α 是在误差自由度下，根据两极差间所包含的平均值的个数 P（包括两极差），由新复极差检验 5% 和 1% 值表查得。

C. 各处理平均值间比较

根据 LSR，将各处理平均值以大小顺序排列成表，进行相互比较检验。任何两个平均值的差值达到或超过 $LSR_{0.05}$，表示差异显著；达到或超过 $LSR_{0.01}$，表示差异极显著。

8）多重比较结果的表示方法：常用方法有梯形表法、划线法和字母标记法。字母标记法在科学研究文献中更常见，即凡是有一个相同标记字母的，就表示平均值之间差异不显著，并用小写英文字母表示 0.05 显著水平的差异显著性，用大写字母表示 0.01 显著水平的差异显著性。

3. 方差分析案例

(1) 单因素方差分析

对于例 21-3，方差分析的结果见表 21-4。

表 21-4 麻叶风轮菜种群密度的方差分析表

变异来源	自由度(df)	平方和(SS)	均方(MS)	F 值
地点间	3	1636.5	545.5	5.41**
误差	20	2018.0	100.9	
总变异	23	3654.5		

查 F 检验表,$F_{0.05(3,20)}$ 和 $F_{0.01(3,20)}$ 值分别为 3.10 和 4.94,均小于表中实际 F 值,说明麻叶风轮菜的种群密度在地点间存在极显著差异($F>F_{0.01(3,20)}$,以上标“**”表示;若 $F>F_{0.05(3,20)}$,以上标“*”表示)。

SSR 检验的多重比较结果如下:

$S_{\bar{x}}=4.10$。由于 $df_e=20$,并有 4 个地点的密度需要比较,因此两极差间所包含的平均值个数 $P=2,3,4$。查 SSR 值表,得 SSR_α 值,计算出 LSR_α 值,列于表 21-5。

表 21-5 LSR_α 值表

P	2	3	4
$SSR_{0.05}$	2.95	3.10	3.18
$SSR_{0.01}$	4.02	4.22	4.33
$LSR_{0.05}$	12.10	12.71	13.04
$LSR_{0.01}$	16.48	17.30	17.75

根据 LSR_α 值,对各地点平均密度进行比较,结果列于表 21-6。

表 21-6 各地点平均密度差异表(SSR 检验)

地点	$\overline{x_i}$	$\overline{x_i}-62$	$\overline{x_i}-72$	$\overline{x_i}-76$	0.05 显著水平的差异显著性	0.01 显著水平的差异显著性
A2	85	23**	13*	9	a	A
A3	76	14*	4		ab	AB
A1	72	10			bc	AB
A4	62				c	B

由上表可知,对于 0.05 的显著水平,A2 的密度显著高于 A4 和 A1,A3 的密度显著高于 A4,而其他地点之间密度差异均不显著。从 0.01 的显著水平来看,只有 A2 的密度极显著地高于 A4。字母标记法也很好地表示了上述结果(表 21-6)。

(2) *两因素方差分析*

两因素或多因素方差分析的原理和方法与单因素方差分析类似,只是在平方和、自由度和均方的计算上复杂一些,并要考虑因素间可能存在的交互作用(interaction)。两因素方差分析的方法将在 SPSS 应用部分以实例介绍。

（三）回归分析

1. 一元线性回归分析

一元回归分析旨在导出两个变量之间由 x 来预测或控制 y 的回归方程，并要确定这种预测或控制所要达到的精确度。如果两个变量的关系大致是线性的，就属一元线性回归问题。

假设对两个变量（或现象）x 和 y 做 n 次观察或试验，得到 n 对数据。现在要找出一个函数 $y=f(x)$，使它在 $x=x_1,x_2,\cdots,x_n$ 时的数值 $f(x_1)$，$f(x_2)$，$\cdots$，$f(x_n)$ 与观察值 $y_1,y_2,\cdots,y_n$ 趋于接近。方法是在一个平面直角坐标系中绘出每个点 (x_i,y_i) 的散点图。如果 y_i 随 x_i 变化，且这些点大致分布在一条直线附近，就可判断其为直线回归模型。对于这种线性关系，可用数学公式表示为

$$y=a+bx$$

上式称为变量 y 对 x 的直线回归方程。其中 a 为常数，表示回归直线在 y 轴上的截距，b 为 y 对于 x 的回归系数，表示 x 每增加一个单位，y 随之增加 $(b>0)$ 或减小 $(b<0)$ b 个单位。

对于任何具有线性关系的两组变量 y 与 x，只要求解出 a 与 b 的值，即可写出回归方程。计算 a、b 值的公式为

$$a=\bar{y}-b\bar{x}$$

$$b=\frac{\sum(x-\bar{x})(y-\bar{y})}{\sum(x-\bar{x})^2}$$

当前一般计算机的 Microsoft Excel 中都有现成的回归程序，只要将所获得的数据录入运算就可得到回归方程和显著性检验结果，从而确定回归方程是否有意义。

如果显著性检验的结果显示回归方程无意义 $(p>0.05)$，说明变量 y 与 x 之间不存在相依变化的关系。其原因可能是 x 和 y 之间本身无关，或影响 y 的除 x 外，还有其他不可忽视的因素，或 x 和 y 不能用直线关系进行配置。如果显著性检验的结果显示回归方程有意义 $(p<0.05)$，那么，变量 y 与 x 的相关程度就可根据 x 和 y 之间相关系数（correlation coefficient）r 的大小来决定。通常，r 的绝对值越大，两个变量之间的相关程度就越高。r 为正时，叫做正相关，r 为负时，叫做负相关。r 的计算公式如下

$$r=\frac{\sum(x-\bar{x})(y-\bar{y})}{\sqrt{\sum(x-\bar{x})^2\sum(y-\bar{y})^2}}$$

【例 21-4】 某地区早稻品比试验获得 10 个品种每亩有效穗数 x（万/亩）和每穗结实粒数 y 的资料（表 21-7），求 y 对 x 的回归方程。

表 21-7　9 个小麦品种试验结果

品种编号	1	2	3	4	5	6	7	8	9	10
x	31	39	29	34	30	40	32	33	28	37
y	77	65	75	65	78	70	70	66	82	56

资料来源：胡秉民和张全德，1985

通过求解，$a=115.24$，$b=-1.35$。回归方程为：

$$y=115.24-1.35x$$

上式说明，每亩有效穗数 x 每提高 1.00 万，平均每穗结实粒数 y 将下降 1.35 粒。

对该方程的 F 检验显示，$F=8.73$。查 F 表可得 $F_{0.05(1,8)}=5.32$，$F_{0.01(1,8)}=11.26$。F 值达到显著水平(即 $F>F_{0.05(1,8)}$，$P<0.05$)，说明该回归直线配置有效，y 与 x 之间存在真实的线性关系。计算其相关系数，$r=-0.72$，表明 y 与 x 之间具有显著的负线性相关性。

一般来说，如果 F 检验显示回归方程有意义，就不需再对相关系数 r 进行 t 检验了。如本例中，查相关系数显著性检验表可知，自由度 $df=8$ 时的 r 临界值分别为 $r_{0.05(8)}=0.6319$ 和 $r_{0.01(8)}=0.7646$，$r>r_{0.05(8)}$，说明相关系数达到显著水平，回归直线配置有效。

设误差概率(α)为 5%，则置信系数($1-\alpha$)的 $\bar{x}\pm tS_{\bar{x}}$ 就是样本平均数的置信区间。

2. 多元线性回归分析

客观事物的变化往往受多种因素的影响，即变量间表现为一个变量与多个其他变量间的关系，其中有一个因素起主导作用，但其他因素的作用也不可忽视。这种确定一个变量与多个变量之间关系的方法就叫做多元回归分析。

假设有因变量 y_i，自变量 $x_1,x_2,\cdots,x_m$，且存在 n 组观测数据，因变量 y 与多个自变量成 m 元线性关系，则回归方程为

$$y=b_0+b_1x_1+b_2x_2+\cdots+b_mx_m$$

式中 b_0 为常数项，$b_1,b_2,\cdots,b_m$ 分别称为 y 对 $x_1,x_2,\cdots,x_m$ 的偏回归系数(partial regression coefficient)。偏回归系数表示在其他自变量保持不变时，该自变量每改变一个单位时 y 值的变化。只要求出 $b_0,b_1,b_2,\cdots,b_m$，就可得到 y 与多个自变量 $x_1,x_2,\cdots,x_m$ 之间的多元回归方程。一般用最小二乘法(the method of generalized least squares)或最大似然法(the method of maximum likelihood)来估计偏回归系数。具体算法比较简单，但很烦琐，这里不再叙述。求解多元回归方程的计算机程序也很多，并能同时得到对方程的显著性检验结果。

对多元线性回归方程的显著性检验只是在零假设 H_0 为偏回归系数均等于 0 时的整体检验。如果检验显著，仅说明 y 与 $x_1,x_2,\cdots,x_m$ 之间存在线性回归关系，

但存在掩盖有些自变量和 y 之间没有回归关系的可能性，这些对 y 没有显著影响的自变量也会进入回归方程。所以，要准确估计各自变量对 y 是否有真实的回归关系，还需分别对各偏回归系数作显著性检验。常用的方法为 t 检验。目前，求解多元回归方程的计算机程序都带有偏回归系数的显著性检验功能。其中，逐步回归法就是应用较广泛的一种多元回归法，运行该程序即可完成方程求解和偏回归系数的显著性检验，剔除对 y 没有显著影响的自变量。

【例 21-5】 研究发现，小麦单株籽粒产量 y(g)除与单株有效穗数 x_1 有关外，可能还与每穗粒数 x_2、千粒重 x_3(g)和穗长 x_4(cm)有关，现将 9 个小麦品种试验的结果列于表 21-8，求其回归方程。

表 21-8　9 个小麦品种试验结果

品种编号	单株籽粒产量 y/g	单株有效穗数 x_1	每穗粒数 x_2	千粒重 x_3/g	穗长 x_4/cm
1	13.3	9.9	41.2	32.6	11.2
2	14.1	9.5	47.4	30.9	12.9
3	14.8	10.8	36.2	34.5	10.3
4	16.6	8.8	52.8	35.8	9.8
5	19.3	11.0	48.8	36.2	10.6
6	17.2	10.7	44.7	36.2	11.0
7	17.3	12.1	44.3	32.2	11.7
8	20.1	10.1	49.5	40.0	12.2
9	17.6	12.7	45.3	30.9	9.7

资料来源：胡秉民和张全德，1985

通过求解，得到 $b_0=-29.79$，$b_1=1.43$，$b_2=0.26$，$b_3=0.53$，$b_4=0.09$，回归方程为

$$y=-29.79+1.41x_1+0.26x_2+0.53x_3+0.09x_4$$

y 与 4 个自变量的复相关系数 $R=0.995$，决定系数 $R^2=0.990$，对回归方程的 F 检验值 $F_{(4,4)}=95.886$，大于 $F_{(4,4)0.01}=15.98$，$p<0.01$（总自由度 $df_{总}=n-1=8$，回归自由度 $df_{回归}=m=4$，剩余自由度 $df_{剩余}=n-m-1=4$）。这些结果说明，自变量与 y 之间存在显著的线性回归关系，它们能决定小麦单株籽粒产量变化的 99.0%。其中，对小麦单株籽粒产量 y 影响最大的是单株有效穗数 x_1，其次是千粒重 x_3 和每穗粒数 x_2，影响最小的是穗长 x_4。

但当采用逐步回归方法时，得到 $b_0=-28.39$，$b_1=1.43$，$b_2=0.26$，$b_3=0.53$，穗长 x_4 被剔除了，回归方程变为

$$y=-28.39+1.41x_1+0.26x_2+0.53x_3$$

此时，复相关系数 $R=0.994$，决定系数 $R^2=0.988$，对 b_0、b_1、b_2 和 b_3 进行 t 检验的值分别为 -12.54、13.84、10.22 和 12.84，其绝对值均大于 $t_{0.001(8)}=5.041$，$p<0.0001$。而对 b_4 的 t 检验值为 0.867，小于 $t_{0.05(8)}=2.306$，$p>0.05$，即穗长 x_4

的变化实际对小麦单株籽粒产量无影响，所以被剔除。这些结果说明，实际上只有3个自变量与 y 之间存在显著的线性回归关系，它们能决定小麦单株籽粒产量变化的98.8%。其中，对小麦单株籽粒产量 y 影响最大的是单株有效穗数 x_1，其次是千粒重 x_3，每穗粒数 x_2 的影响最小。

四、统计软件SPSS for Windows应用

（一）SPSS for Windows简介

SPSS(Statistical Product and Service Solutions)，即“统计产品与服务解决方案”软件，最初称为“社会科学统计软件包”(Statistical Package for the Social Sciences)，是世界上最早、也是最优秀的统计分析软件之一。SPSS for Windows是一个组合式软件包，具有完整的数据输入、整理、编辑、统计分析、报表、图形制作等功能，自带11种类型136个函数，提供了从统计描述到多因素统计分析的方法，包括描述性统计、均值比较、一般线性模型、相关分析、回归分析、对数线性模型、聚类分析、数据简化、生存分析、时间序列分析、多重响应等几大类，每类中又分若干统计过程，每个过程允许用户选择不同的方法及参数。SPSS还自带绘图系统，可以根据数据绘制各种图形，用户只要根据实际需要对图形进行编辑加工，就可获得自明性极强的研究结果图。

尽管SPSS的版本不断升级，但其基本的操作使用方法却是相同的。用户只要掌握Windows操作技能，粗通统计分析方法，就可使用该软件为科研工作服务。本实习指导将利用前述的几个实例，介绍采用SPSS进行 t 检验、F 检验、方差分析、一元线性回归和多元线性回归分析的方法，便于同学们快速掌握，并达到触类旁通，对野外调查数据进行即时统计分析的目的。

（二）SPSS应用案例

1. 单个样本平均数的 t 检验

例21-1：首先建立一个新的SPSS数据文件，将调查数据输入SPSS数据编辑器，点击“分析”主菜单中的“比较均值”选项，在打开的子菜单中单击“单样本T检验”选项，在打开的对话框及其次级对话框中进行设置。

选中左边的原变量名“穗重”，用中间的向右箭头键将其移入右边的“检验变量(T)”列表框，进行均值检验。在该列表框下方的“检验值”窗口输入平均穗重300，如图21-1所示。

点击“选项”按钮，在“置信区间”窗口选缺省值为95%，点击“继续”按钮。如图21-2所示。

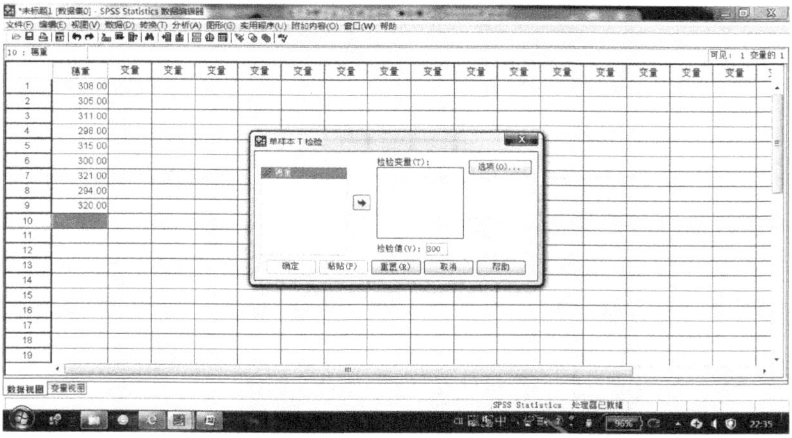

图 21-1　单个样本平均数的 t 检验数据及对话框

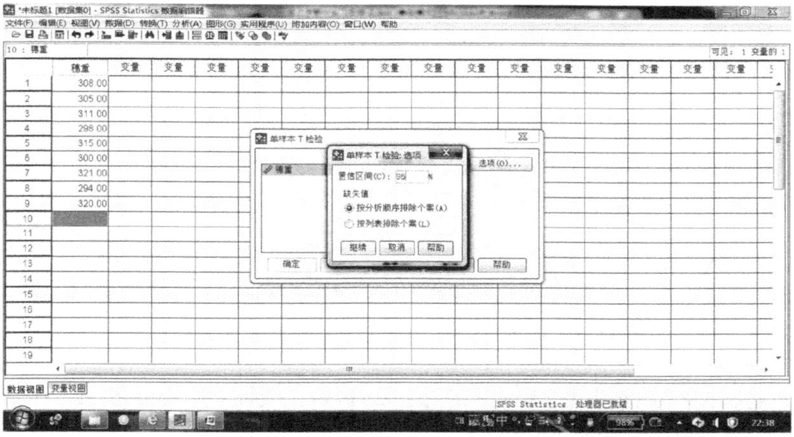

图 21-2　单个样本平均数的 t 检验选项对话框

单击"确定"按钮，运行程序，生成表 21-9 和表 21-10。表 21-9 给出了"穗重"的数据个数 N、均值、标准差和均值的标准误。表 21-10 给出待检验的总体均值＝300，以及 t 值、自由度 df、双尾检验的显著性概率 Sig.（即 p 值）、样本均值与总体均值的差值和均值差的 95％置信区间。双尾检验的显著性概率为 0.037，小于 95％，喷药前、后果穗重有显著差异。

表 21-9　单个样本统计量

	N	均值	标准差	均值的标准误
穗重	9	308.0000	9.61769	3.20590

表 21-10　单个样本检验

	检验值=300					
	t	df	Sig.(双侧)	均值差值	差异的 95%置信区间	
					下限	上限
穗重	2.495	8	.037	8.00000	.6072	15.3928

2. 两个独立样本平均数的 t 检验

例 21-2:将数据输入 SPSS 数据编辑器。“小麦籽实产量”为待检验变量,“施肥量”为分组变量。点击“分析”主菜单中的“比较均值”选项,单击“独立样本 T 检验”选项,将“小麦籽实产量”移入右边的“检验变量(T)”列表框,进行均值检验。将“施肥量”移入右边的“分组变量(G)”列表框中,如图 21-3 所示。

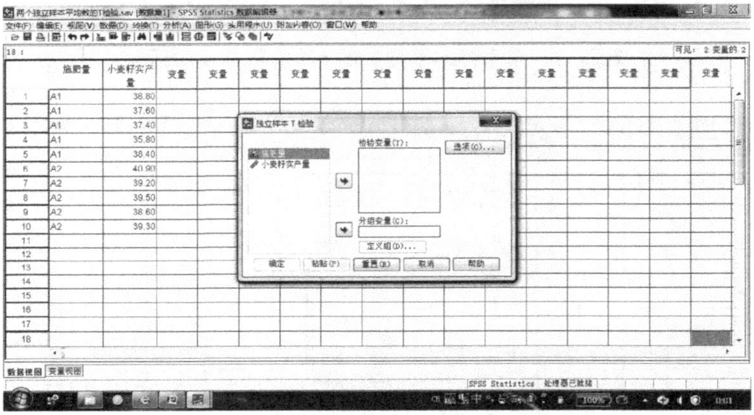

图 21-3　独立样本平均数的 t 检验数据及对话框

该变量后面将显示“(? ?)”,点击“定义组(D)”按钮,将其设成 A1 和 A2 两类,对应于施肥量。如图 21-4 所示。单击“继续”按钮。

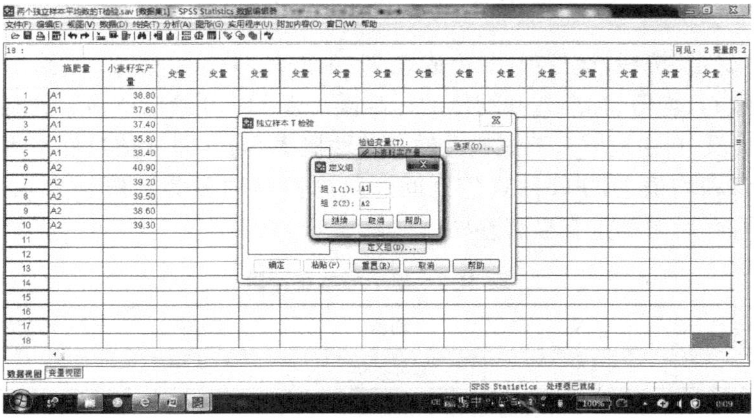

图 21-4　定义组(D)对话框

单击“选项”按钮，在“置信区间”窗口选缺省值为 95%，依次单击“继续”和“确定”按钮，运行程序，如图 21-5 所示。

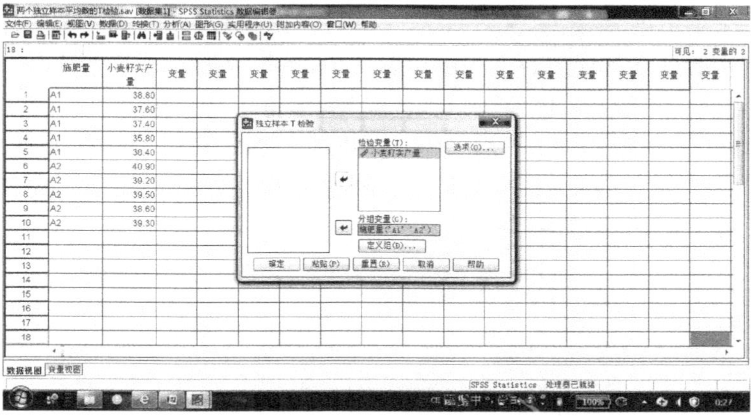

图 21-5　独立样本平均数的 t 检验对话框

程序运行后生成表 21-11 和表 21-12，其意义同 21-9 和表 21-10。只是表 21-12 中方差的 Levene 同质性检验是 SPSS 中系统默认的检验方法，与前述的 F 统计量的计算方法有所不同，其 F 检验的 2 个自由度 df_1＝组数－1，df_2＝样本总数－组数。在本例中，$df_1=2-1=1$，$df_2=10-2=8$，查附表，$F_{0.05(1,8)}=5.32$。因为 $F<F_{0.05(1,8)}$，$p>0.05$，故接受无效假设 $H_0:\sigma_1^2=\sigma_2^2$，即两组数据的方差相等。此时应以表中该行对应的统计量作为 t 检验的结果。由于双尾 t 检验的显著性概率为 0.018，小于 95%，说明两种施肥量下，小麦籽实平均产量有显著差异。

表 21-11　分组统计量

	施肥量	N	均值	标准差	均值的标准误
小麦籽实产量	A1	5	37.6000	1.15758	.51769
	A2	5	39.5000	.85147	.38079

表 21-12　独立样本 t 检验

		方差的 Levene 同质性检验		均值的 t 检验						
				t	df	Sig.（双侧）	均值差值	标准误差值	差异的 95% 置信区间	
		F	Sig.						下限	上限
小麦籽实产量	假设方差相等	.330	.582	−2.957	8	.018	−1.90000	.64265	−3.38196	−.41804
	假设方差不等			−2.957	7.348	.020	−1.90000	.64265	−3.40515	−.39485

3. 单因素方差分析

例 21-3：将数据输入 SPSS 数据编辑器。点击“分析”主菜单中的“比较均值”选项，单击子菜单中“单因素 ANOVA”（ANOVA 是 Analysis of Variance 的简称）选项，在该对话框及其次级对话框中设置选项，进行单因素方差分析。

将“种群密度”移入右边的“因变量（E）”列表框中，将“地点”移入右边的“因子（F）”列表框中。如图 21-6 所示。单击其中“对比（N）”按钮，选中“多项式”核选框时，后面的“度”下拉式列表框变为可用。缺省时为线性多项式，即一次多项式。如图 21-7 所示。点击“继续”按钮。

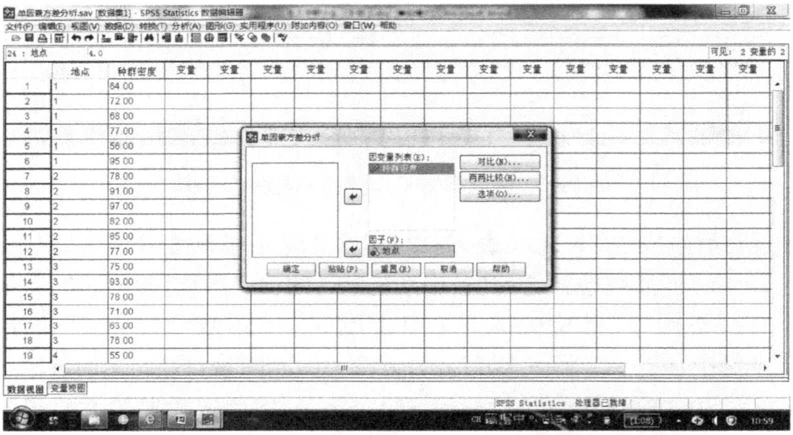

图 21-6　单因素方差分析数据及对话框

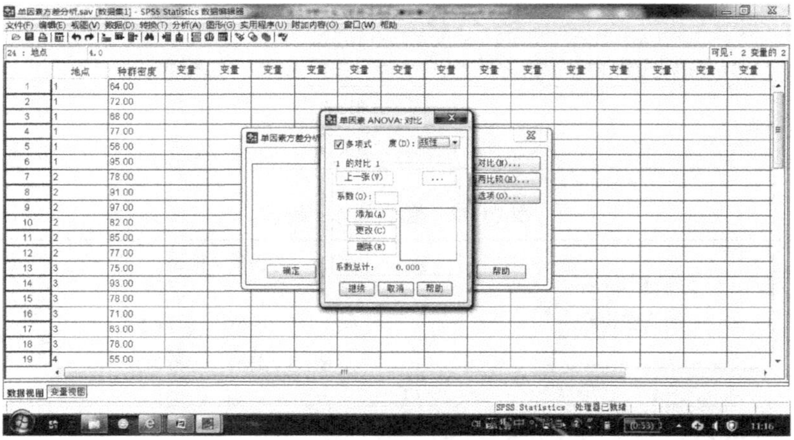

图 21-7　单因素方差分析对比对话框

单击图 21-6 中“两两比较（H）”按钮，打开对话框。该对话框分三部分：假定方差齐性、假定方差不齐及显著性水平。由于事先并不知道 4 个地点的数据方差是否相等，在假定方差齐性和方差不齐部分都做选择。可分别点选 Duncan(D)和 Dunnett's C(U)核选框，它们都是基于 Duncan's 极差分布在平均数间进行成对比较检验。缺省的显著性检验水平为 0.05。如图 21-8 所示。点击“继续”按钮。

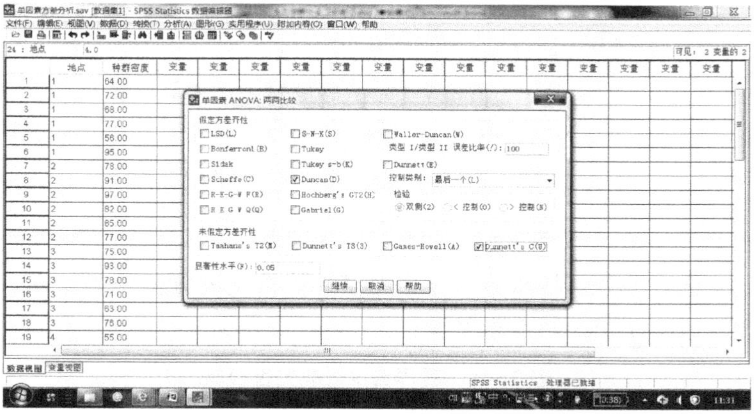

图 21-8　单因素方差分析多重比较对话框

单击图 21-6 中“选项(O)”按钮，打开对话框。分别选“描述性(D)”、“固定和随机效果(F)”、“方差同质性检验(H)”和“均值图(M)”核选框。缺失值的缺省选项为“按分析顺序排除个案(A)”，即剔除进行检验的数据中含有缺失值的个案的数据，如图 21-9 所示。点击“继续”按钮。单击图 21-6 中“确定”按钮，运行程序，得到表 21-13、表 21-14、表 21-15 和表 21-16，以及图 21-10。

图 21-9　单因素方差分析选项对话框

表 21-13 同时给出了地点之间的固定差异效应、取样的随机误差效应及其置信区间。分量间的方差是指样本的方差。

表 21-13　种群密度的描述统计量

		N	均值	标准差	标准误	均值的 95%置信区间		极小值	极大值	分量间方差
						下限	上限			
1		6	72.00	13.34166	5.44671	57.9988	86.0012	56.00	95.00	
2		6	85.00	7.77174	3.17280	76.8441	93.1559	77.00	97.00	
3		6	76.00	9.87927	4.03320	65.6323	86.3677	63.00	93.00	
4		6	62.00	8.22192	3.35659	53.3716	70.6284	49.00	70.00	
总数		24	73.75	12.60521	2.57303	68.4273	79.0727	49.00	97.00	
模型	固定效应			10.04490	2.05041	69.4729	78.0271			
	随机效应				4.76751	58.5777	88.9223			74.10

表 21-14 的方差齐性检验显示 4 个地点种群密度的方差相等。表 21-15 显示 4 个地点种群密度存在极显著差异($F=5.406$，$F>F_{0.01(3,20)}$，$p<0.01$)。

表 21-14　种群密度方差齐性检验

Levene 统计量	df_1	df_2	显著性
.361	3	20	.782

表 21-15　种群密度的单因素方差分析表

变异来源	平方和	df	均方	F	显著性
组间(地点)	1636.500	3	545.500	5.406	.007
组内	2018.000	20	100.900		
总数	3654.500	23			

表 21-16 中“地点”栏将各地点密度平均值由小到大排列。在“alpha＝0.05 的子集”栏中，同列数据为无显著差异(标以相同字母)，不同列数据存在显著差异(标以不同字母)。结果显示与表 21-6 完全相同。

表 21-16　4 个地点种群密度的多重比较表

	地点	N	alpha＝0.05 的子集		
			1	2	3
Duncan	4	6	62.00		
	1	6	72.00	72.00	
	3	6		76.00	76.00
	2	6			85.00
	显著性		.100	.498	.136

图 21-10 为经过简单编辑加工的单因素方差分析结果输出图。多重比较(仅

为 $\alpha=0.05$ 时)的结果也以字母标记法的形式添加于图中。

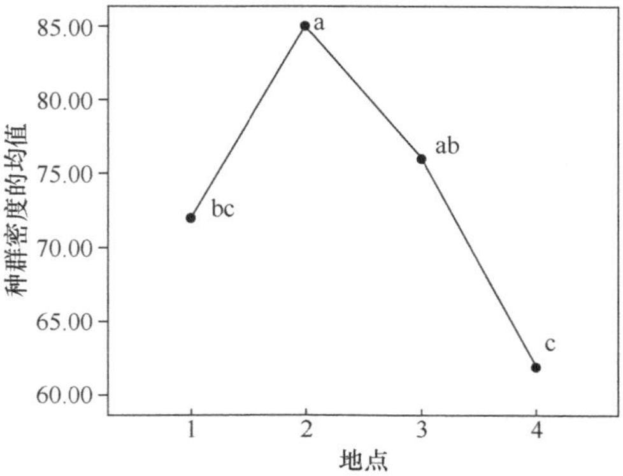

图 21-10 麻叶风轮菜种群密度在 4 个地点的变化

4. 两因素方差分析

当有两个因素同时影响观察结果时,采用两因素方差分析。因素水平改变造成的观察结果变化称主效应。当某一因素的效应随另一因素的水平不同而发生变化时,则这两个因素间存在交互作用,其效应称为交互效应。两因素方差分析需要对离均差平方和与自由度进行分解。总离均差平方和 SS_T 可用下式表示:

$$SS_T = SS_A + SS_B + SS_{A\times B} + SS_e$$

SS_A 和 SS_B 分别为 A 因素和 B 因素的离均差平方和,$SS_{A\times B}$ 为 A、B 两因素交互效应对应的离均差平方和,SS_e 为误差平方和。总自由度 $df_T=knm-1$,A 因素自由度 $df_A=k-1$,B 因素自由度 $df_B=n-1$,A、B 两因素交互效应的自由度 $df_{A\times B}=(k-1)(n-1)$,误差自由度 $df_e=kn(m-1)$。其中,k 为 A 因素的水平,n 为 B 因素的水平,m 为试验或观察的重复次数。

【例 21-6】 现有 4 个水稻品种,以 3 个密度种植,试验重复 2 次,测产数据列于表 21-17。问产量在品种和种植密度间是否存在差异?水稻品种和种植密度间是否存在交互作用?

表 21-17 水稻品种与种植密度试验的产量数据表

品种(A)	密度(B)			重复(m)
	B1	B2	B3	
A1	512	610	780	$m1$
	540	592	788	$m2$
A2	726	716	700	$m1$
	730	720	720	$m2$

品种(A)	密度(B)			重复(m)
	B1	B2	B3	
A3	650	730	680	$m1$
	620	710	720	$m2$
A4	560	650	760	$m1$
	540	680	780	$m2$

资料来源：胡秉民和张全德，1985

显然，此例应采用两因素有重复观察数据的方差分析($k=4,n=3,m=2$)。

将数据输入 SPSS 数据编辑器。依次点击“分析(A)”→“一般线性模型(G)”→“单变量(U)”选项，打开对话框。之所以选“单变量”，是因为只有“产量”这一个因变量。若有多个因变量，则可选“多变量(M)”对话框。将“产量”移入右边的“因变量(D)”列表框中。同时选中“品种”和“密度”，移入右边的“固定因子(F)”列表框。如图 21-11 所示。

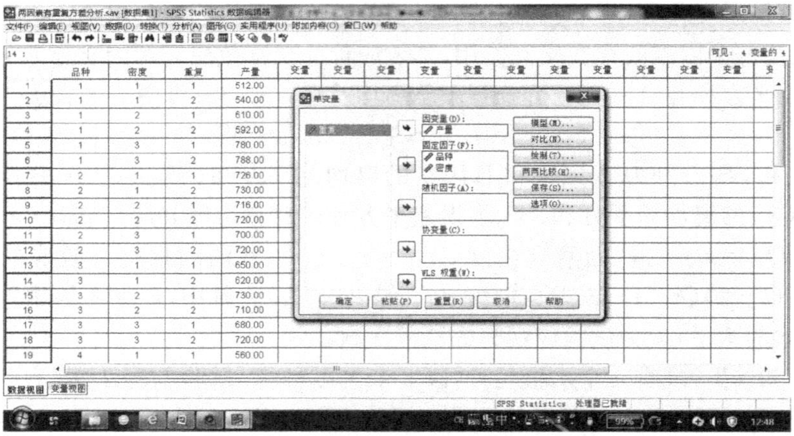

图 21-11　GLM-单变量对话框

点击“模型(M)”按钮。模型默认是“全因子”单选钮，即分析自变量的主效应和自变量间全部的交互效应。为了说明方法，可将按钮切换到“设定(C)”，此时“构建项”变为可用，点击其下拉式菜单，选择“主效”，将左面“因子与协变量(F)”框中的“品种”和“密度”选入右侧“模型(M)”框。再点击“构建项”下拉式菜单，选择“互作”，将“品种”和“密度”同时选入右侧“模型(M)”框中。分析品种和密度各自的主效应及其交互效应“品种×密度”。该子对话框下还有 2 个选项，默认即可，如图 21-12 所示。点击“继续”按钮。

图 21-12　GLM-模型子对话框

图 21-11 中“对比”子对话框用于对精细趋势检验和精确两两比较的选项进行定义，使用频率很低，一般不用考虑。

点击“绘制(T)”按钮，得到“轮廓图”子对话框，以指定用模型的某些参数作图。本例中，用箭头键将“品种”移入“水平轴(H)”框，并“添加”到下面的绘图定义框，得到“品种”主效图。对于“密度”，重复上述步骤，得到“密度”主效图。将“品种”移入“水平轴”框，将“密度”移入“单图”框，并“添加”到绘图定义框，得到互作效应图。如图 21-13 所示。点击“继续”按钮。

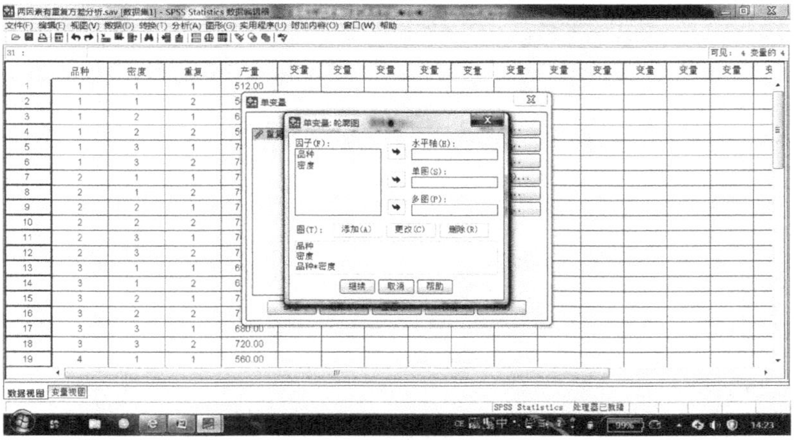

图 21-13　轮廓图子对话框

点击“两两比较(H)”按钮，打开“观测均值的两两比较”子对话框。其选项与图 21-8 中相同，不再复述。如图 21-14 所示。点击“继续”按钮。

图 21-14　观测均值的两两比较子对话框

点击“选项(O)”按钮,将“估计边际均值”方框下“因子与因子交互(F)”列表框中的“品种”、“密度”和“品种×密度”移入右侧“显示均值”列表框,同时选“比较主效应”核选框。“OVERALL”为内置项。

在“输出”方框,可选“描述统计(D)”、“功效估计(E)”与“方差齐性检验(H)”核选框。“功效估计(E)”是对模型和各因素计算偏 Eta 平方,表示由该因素导致的变异占因变量总变异的比例。其他两个核选框已经介绍过。采用默认的显著性水平 0.05 即可。如图 21-15 所示,点击“继续”按钮。

图 21-15　GLM-选项子对话框

点击“确定”按钮,运行程序,得到结果表。方差分析反映出不同品种的产量有极显著差异(p<0.001),种植密度及品种×密度互作也都对产量有极显著影响(p<0.001)。这 3 个因子的变化共同决定产量变化的 98.0%,并分别引起产量变化的 87.5%、95.7%和 94.9%。种植密度及品种×密度互作的影响更大(表 21-18)。

表 21-19 和表 21-20 分别给出了不同品种和种植密度下的产量均值、标准误差及 95%的置信区间值。

表 21-18　主要因子效应的检验

因变量:产量

源	Ⅲ型平方和	df	均方	F	Sig.	偏 Eta 方
校正模型	148873.833[a]	11	13533.985	52.356	.000	.980
截距	1.095E7	1	1.095E7	42374.887	.000	1.000
品种	21763.167	3	7254.389	28.063	.000	.875
密度	68908.333	2	34454.167	133.285	.000	.957
品种×密度	58202.333	6	9700.389	37.526	.000	.949
误差	3102.000	12	258.500			
总计	1.111E7	24				
校正的总计	151975.833	23				

a. R^2=.980(调整 R^2=.961)

表 21-19　品种间产量估计表

品种	均值	标准误差	95%置信区间	
			下限	上限
1	637.000	6.564	622.699	651.301
2	718.667	6.564	704.365	732.968
3	685.000	6.564	670.699	699.301
4	661.667	6.564	647.365	675.968

表 21-20　种植密度间产量估计表

密度	均值	标准误差	95%置信区间	
			下限	上限
1	609.750	5.684	597.365	622.135
2	676.000	5.684	663.615	688.385
3	741.000	5.684	728.615	753.385

Duncan's 多重比较显示，4 个品种的产量大小顺序为 A2>A3>A4>A1(表 21-21)；不同种植密度下的产量大小顺序为 B3>B2>B1(表 21-22)。

表 21-21　不同品种产量的多重比较表

品种	*N*	alpha=0.05 的子集			
		1	2	3	4
1	6	637.00			
4	6		661.66		
3	6			685.00	
2	6				718.66
Sig.		1.000	1.000	1.000	1.000

表 21-22　不同种植密度产量的多重比较表

密度	*N*	alpha=0.05 的子集		
		1	2	3
1	8	609.75		
2	8		676.00	
3	8			741.00
Sig.		1.000	1.000	1.000

图 21-16、图 21-17 和图 21-18 为经过简单编辑加工的品种主效、密度主效及品种×密度互作效应输出图。主效的多重比较结果以字母标记法添加于图中。要想知道某一品种在不同密度下的产量高低，只要分别就各品种进行一次密度的单因素方差分析，并进行多重比较即可。

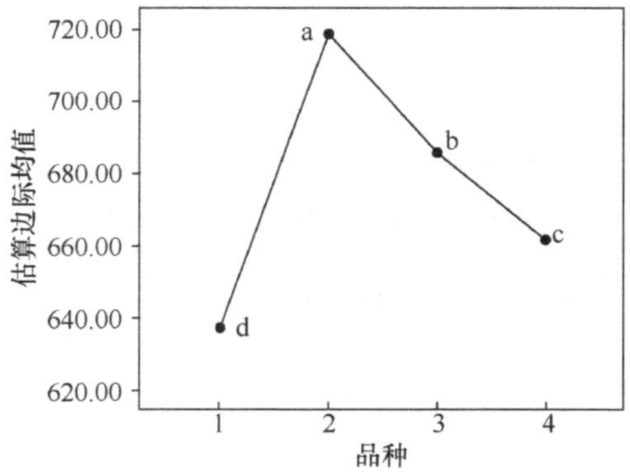

图 21-16　不同水稻品种产量的变化

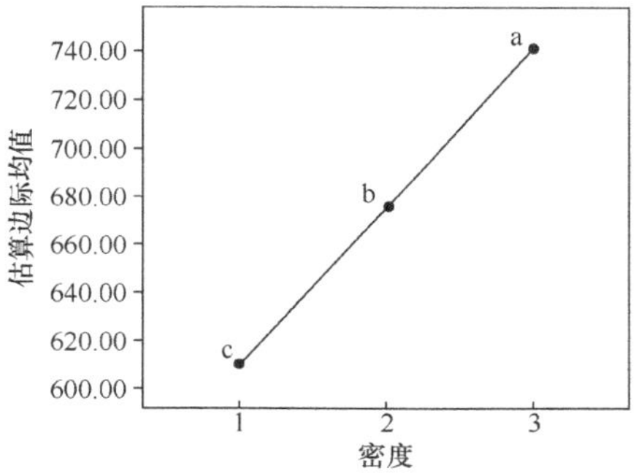

图 21-17　不同种植密度水稻产量的变化

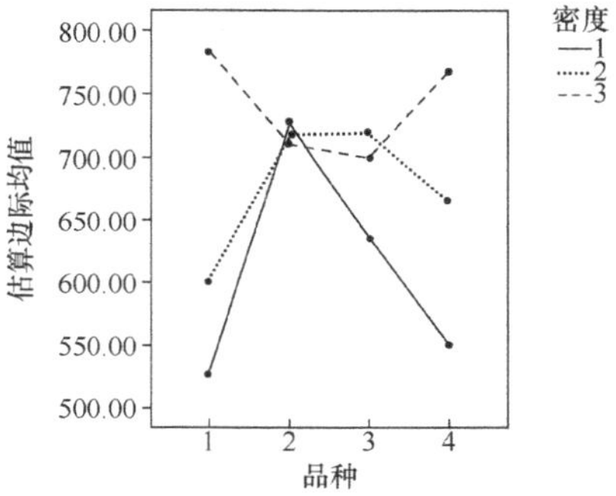

图21-18　不同品种与种植密度下水稻产量的变化

5. 一元线性回归分析

例 21-4:将数据输入 SPSS 数据编辑器。点击“分析”主菜单中的“回归”选项,单击“线性回归”选项,在该对话框及其次级对话框中设置选项,进行线性回归分析。

分别将“每穗结实粒数”和“有效穗数”移入“因变量(D)”列表框和“自变量(I)”列表框。用“方法”下拉式列表框选择回归分析方法。它包括“进入”、“逐步”、“删除”、“向后”和“向前”5 种方法。本例选用默认选项“进入”即可,并且暂不考虑“选择变量(E)”、“个案标签(C)”和“WLS 权重(H)”窗口。如图 21-19 所示。

图 21-19　一元线性回归对话框

单击“统计量(S)”按钮,打开“线性回归:统计量”对话框。缺省时选择“估计(E)”和“模型拟合度(M)”核选框,以计算并显示回归系数、相关系数、相关系数的平方、调整的相关系数、标准误差和 ANOVA 表。点选“描述性”核选框,以显示变量数据的均值、标准离差和单侧条件下的相关矩阵。点击“继续”按钮。如图 21-20 所示。

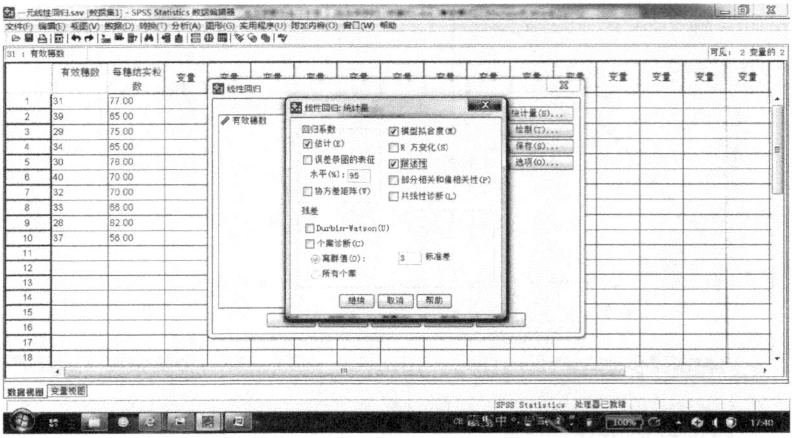

图 21-20　一元线性回归:统计量对话框

点击"选项"按钮,在步进方法标准方框内有"使用 F 的概率(O)"和"使用 F 值(V)"2 个单选钮,确定设置变量进入和删除值的标准。本例选缺省选项"使用 F 的概率(O)"、"在等式中包含常量(I)"和"按列表删除个案(L)"。如图 21-21 所示,点击"继续"按钮。

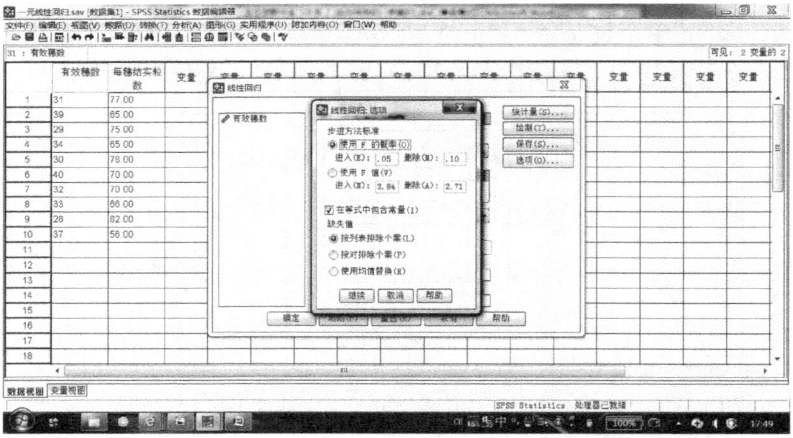

图 21-21　一元线性回归:选项对话框

单击图 21-19 中"确定"按钮,运行程序。表 21-23 给出了因变量和自变量的均值、标准差及取样数量。表 21-24 表明有效穗数和每穗结实粒数间显著负相关($p<0.01$),相关系数为−0.722。表 21-25 给出了回归模型的相关系数、相关系数的平方、调整的相关系数平方及标准误差。相关系数同表 21-20,R^2 说明有效穗数的变化能决定每穗结实粒数变化的 52.2%。

表 21-23 描述性统计量

	均值	标准偏差	N
每穗结实粒数	70.40	7.763	10
有效穗数	33.30	4.165	10

表 21-24 相关性表

	变量	每穗结实粒数	有效穗数
Pearson 相关性	每穗结实粒数	1.000	−.722
	有效穗数		1.000
Sig.(单侧)	每穗结实粒数		.009**
	有效穗数		

表 21-25 模型汇总表

模型	R	R^2	调整 R^2	标准估计的误差
1	.722[a]	.522	.462	5.69375

a. 预测变量:(常量),有效穗数

表 21-26 中,F 检验表明因变量每穗结实粒数对自变量有效穗数的回归有效。查 F 表可得 $F_{0.05(1,8)}=5.32$,$F_{0.01(1,8)}=11.26$。由于 $F_{0.01(1,8)}>F>F_{0.05(1,8)}$,达到显著水平($p<0.05$)。

表 21-26 ANOVA[b]

	模型	平方和	df	均方	F	Sig.
1	回归	283.050	1	283.050	8.731	.018[a]
	残差	259.350	8	32.419		
	总计	542.400	9			

a. 预测变量:(常量),有效穗数;b. 因变量:每穗结实粒数

表 21-27 包括回归系数的 t 检验。在多个自变量存在的情况下,自变量间的变异程度和平均数有时相差非常大,直接用偏回归系数将无法比较各自变量的影响程度。而标准化回归系数 Beta 是将各自变量进行标准正态变换后得到的,可根据其大小直接比较各自变量对因变量的影响程度。

表 21-27 系数表[a]

模型		非标准化系数		标准化回归系数 Beta	t	Sig.
		偏回归系数 b	标准误差			
1	(常量)	115.241	15.282		7.541	.000
	有效穗数	−1.347	.456	−.722	−2.955	.018

a. 因变量:每穗结实粒数

至此,可得到回归方程:

$$y = 115.24 - 1.35x$$

上式说明，每亩有效穗数 x 每提高 1.00 万，平均每穗结实粒数 y 将下降 1.35 粒。对该方程的 F 检验显示回归直线配置有效，有效穗数与每穗结实粒数之间显著负相关，相关系数 $r=-0.72$，而且有效穗数的变化能决定每穗结实粒数变化的 52.2%。

6. 多元线性回归分析

例 21-5：将数据输入 SPSS 数据编辑器。点击“分析”主菜单中的“回归”选项，单击“线性回归”选项，将“单株籽粒产量”移入“因变量(D)”列表框，将“单株有效穗数”、“每穗粒数”、“千粒重”和“穗长”一并移入“自变量(I)”列表框。点击“方法”下拉式列表框，共有 5 种回归分析方法。其中，“进入”法表示所有自变量均强行进入回归方程，为默认选项。这种方法一般具有较高的回归系数，但一些对因变量没有显著影响的自变量也可能进入回归方程。“向前”法是比较所有自变量与因变量的偏相关系数，选择最大的一个作回归系数显著性检验，决定其是否进入回归方程。其缺点是只要某个自变量选入方程后，就不再会被剔除(即“只进不出”)。但较早进入方程的当时是最好的变量在较晚阶段可能因为它与其他变量之间的相互关系而显得不再重要，因而有必要剔除，但“向前”法做不到这点。“向后”法首先计算包含所有变量的回归方程，然后用偏 F 检验逐个剔除对因变量无显著影响的自变量，直到每个自变量都显著为止。其缺点是被剔除的自变量将永远不会再进入方程，哪怕该自变量在其他变量被剔除后又对因变量有显著影响，因此，属于“只出不进”。“删除”法也是“只出不进”，但是按照删除标准将同一个区组内的变量一次全部删除。“逐步”法是对“向前”法的改进，既有引入变量，也有剔除变量，原来被剔除的变量又可能被引入到方程中，直到没有变量被引入或剔除为止，是目前应用较广泛的一种多元回归方法。

本例分别采用“进入”法和“逐步”法，以资比较，且暂不考虑“选择变量(E)”、“个案标签(C)”和“WLS 权重(H)”窗口。如图 21-22 所示。

图 21-22　多元线性回归对话框

其他选项步骤与一元线性回归相同。单击图 21-22 中“确定”按钮。

当运行“进入”法多元回归程序时，得到表 21-28、表 21-29、表 21-30、表 21-31 和表 21-32。表 21-28 给出了因变量和各自变量的均值、标准差及取样数量。

表 21-28　描述性统计量

	均值	标准偏差	N
单株籽粒产量 y	16.7000	2.28254	9
单株有效穗数 x_1	10.6222	1.22758	9
每穗粒数 x_2	45.5778	4.88410	9
千粒重 x_3	34.3667	3.00791	9
穗长 x_4	11.0444	1.08064	9

表 21-29 给出了因变量和自变量之间及各自变量之间的相关系数和相关性。对相关系数的显著性检验显示，仅千粒重与单株籽粒产量间为显著正相关（$p<0.05$）。

表 21-29　相关性表

		单株籽粒产量	单株有效穗数	每穗粒数	千粒重	穗长
Pearson 相关性	单株籽粒产量	1.000	.322	.533	.638	−.095
	单株有效穗数		1.000	−.356	−.336	−.251
	每穗粒数			1.000	.346	.080
	千粒重				1.000	.010
	穗长					1.000
Sig.（单侧）	单株籽粒产量		.199	.070	.032*	.404
	单株有效穗数			.174	.188	.258
	每穗粒数				.181	.419
	千粒重					.490
	穗长					

表 21-30 说明，由于采用“进入”法，4 个变量全部进入方程，没有变量被剔除。

表 21-30　输入移出表

模型	输入的变量	移去的变量	方法
1	穗长，千粒重，每穗粒数，单株有效穗数[a]		输入

a. 已输入所有请求的变量

表 21-31 说明，模型的相关系数为 0.995，R^2 说明所有自变量的变化能决定单株籽粒产量变化的 99.0%。

表 21-31　模型汇总表

模型	R	R^2	调整 R^2	标准估计的误差
1	.995[a]	.990	.979	.32795

a. 预测变量：(常量)，穗长，千粒重，每穗粒数，单株有效穗数

表 21-32 的 F 检验表明，因变量对自变量的回归有效，$F>F_{0.01(4,4)}$（查 F 表可得 $F_{0.05(4,4)}=6.39$，$F_{0.01(4,4)}=15.98$），达到极显著水平（$p<0.001$）。

表 21-32　ANOVA[b]

模型		平方和	df	均方	F	Sig.
1	回归	41.250	4	10.312	95.886	.000[a]
	残差	.430	4	.108		
	总计	41.680	8			

a. 预测变量：(常量)，穗长，千粒重，每穗粒数，单株有效穗数；b. 因变量：单株籽粒产量

表 21-33 中偏回归系数和标准化回归系数的大小表明，自变量对单株籽粒产量的影响大小顺序是单株有效穗数>千粒重>每穗粒数>穗长，回归方程为

$$y=-29.79+1.43x_1+0.26x_2+0.53x_3+0.09x_4$$

表 21-33　系数表[a]

模型		非标准化系数		标准化偏回归系数	t	Sig.
		偏回归系数 b	标准误差	Beta		
1	(常量)	−29.799	2.833		−10.520	.000
	单株有效穗数	1.430	.108	.769	13.286	.000
	每穗粒数	.262	.026	.560	9.952	.001
	千粒重	.533	.042	.703	12.546	.000
	穗长	.096	.111	.046	.867	.435

a. 因变量：单株籽粒产量

运行“逐步”法多元回归程序时得到的描述性统计量表和相关性表同表 21-22 和表 21-23。逐步回归分析的每个步骤可从表 21-34、表 21-35、表 21-36、表 21-37 和表 21-38 中得到解释。

表 21-34 说明本次回归分 3 步完成，3 个步骤的回归模型中（即模型 1，模型 2，模型 3）包含的自变量分别是千粒重、千粒重＋单株有效穗数、千粒重＋单株有效穗数＋每穗粒数，采用的输入准则是：$F\geqslant3.840$ 时进入，$F\leqslant2.710$ 时剔除。被剔除的变量在表 21-38 中显示。

表 21-34　输入移出表

模型	输入的变量	移去的变量	方法
1	千粒重		步进(准则：F-to-enter≥3.840，F-to-remove≤ 2.710)
2	单株有效穗数		步进(准则：F-to-enter≥3.840，F-to-remove≤2.710)
3	每穗粒数		步进(准则：F-to-enter≥3.840，F-to-remove≤2.710)

表 21-35 给出了 3 个回归步骤不同模型的相关系数、相关系数的平方、调整的相关系数平方及标准误差。R^2 说明 3 个模型分别决定单株籽粒产量变化的 32.2%、73.2%和 98.8%，估计误差越来越小。

表 21-35　模型汇总表

模型	R	R^2	调整 R^2	标准估计的误差
1	.638[a]	.407	.322	1.87909
2	.855[b]	.732	.642	1.36530
3	.994[c]	.988	.980	.31968

a. 预测变量：(常量)，千粒重；b. 预测变量：(常量)，千粒重，单株有效穗数；c. 预测变量：(常量)，千粒重，单株有效穗数，每穗粒数

表 21-36 说明，由于模型 1，模型 2，模型 3 包含的自变量数目不同，回归自由度和残差自由度也不同(总自由度 $df_{总}=n-1$，回归自由度 $df_{回归}=m$，剩余自由度 $df_{剩余}=n-m-1$)。查 F 表可得：$F_{0.05(1,7)}=5.59$，$F_{0.01(1,7)}=12.25$；$F_{0.05(2,6)}=5.14$，$F_{0.01(2,6)}=10.92$；$F_{0.05(3,5)}=5.41$，$F_{0.01(3,5)}=12.06$。模型 1 的 $F< F_{0.05(1,7)}$，回归不显著($p>0.05$)；模型 2 的 $F_{0.01(2,6)}>F> F_{0.05(2,6)}$，回归显著($p<0.05$)；模型 3 的 $F> F_{0.01(3,5)}$，回归极显著($p<0.001$)。

表 21-36　ANOVA[b]

模型		平方和	df	均方	F	Sig.
	回归	16.963	1	16.963	4.804	.065[a]
1	残差	24.717	7	3.531		
	总计	41.680	8			
	回归	30.496	2	15.248	8.180	.019[b]
2	残差	11.184	6	1.864		
	总计	41.680	8			
	回归	41.169	3	13.723	134.282	.000[c]
3	残差	.511	5	.102		
	总计	41.680	8			

a. 预测变量：(常量)，千粒重；b. 预测变量：(常量)，千粒重＋单株有效穗数；c. 预测变量：(常量)，千粒重＋单株有效穗数＋每穗粒数；d. 因变量

表 21-37 说明，模型 3 为最优回归模型，该模型能决定小麦单株籽粒产量变化的 98.8%(表 21-35)。自变量对单株籽粒产量的影响大小是：单株有效穗数＞千粒重＞每穗粒数，穗长被剔除。最优回归方程为

$$y=-28.39+1.41x_1+0.26x_2+0.53x_3$$

表 21-37　系数表[a]

模型		非标准化系数		标准化偏回归系数	t	Sig.
		偏回归系数 b	标准误差	Beta		
1	(常量)	.063	7.616		.008	.994
	千粒重	.484	.221	.638	2.192	.065
2	(常量)	−17.193	8.464		−2.031	.089
	千粒重	.639	.170	.841	3.747	.010
	单株有效穗数	1.125	.418	.605	2.694	.036
3	(常量)	−28.394	2.265		−12.538	.000
	千粒重	.530	.041	.699	12.840	.000
	单株有效穗数	1.407	.102	.756	13.848	.000
	每穗粒数	.262	.026	.560	10.220	.000

a. 因变量：单株籽粒产量

表 21-38 说明每个步骤(或方程)经 F 检验和 t 检验，剔除的变量分别是单株有效穗数＋每穗粒数＋穗长、每穗粒数＋穗长，以及穗长。共线性是指自变量间存在近似的线性关系，某个自变量能近似地用其他自变量的线性函数来描述。容忍度是判断自变量间共线性的一个指标，如果某个自变量的容忍度小于 0.1，则共线性问题严重。表 21-38 说明，各自变量的容忍度很高，没有共线性的迹象。穗长被剔除，主要是因为它对单株籽粒产量的贡献太小。

表 21-38　被剔除变量表

模型		标准化偏回归系数 Beta	t	Sig.	偏相关	共线性统计量
						容忍度
1	单株有效穗数	.605[a]	2.694	.036	.740	.887
	每穗粒数	.354[a]	1.173	.285	.432	.880
	穗长	−.102[a]	−.326	.755	−.132	1.000
2	每穗粒数	.560[b]	10.220	.000	.977	.816
	穗长	.051[b]	.215	.838	.096	.931
3	穗长	.046[c]	.867	.435	.398	.931

a. 预测变量：(常量)，千粒重；b. 预测变量：(常量)，千粒重＋单株有效穗数；c. 预测变量：(常量)，千粒重＋单株有效穗数＋每穗粒数

第六部分　专题小论文撰写

科学论文是科学研究的书面总结，是一项科学研究工作的最后阶段。不同学科、不同题材内容的科学论文，各有自己的传统写法和特殊要求，体裁结构也不完全一致。本实习要求专题小论文以自然科学研究论文的一般格式撰写。

一、论文结构

其结构由题目、作者、摘要、引言(或前言)、材料与方法、结果与分析、结论(或小结)、参考文献、致谢和基金标注等10部分组成。

二、论文撰写说明

1. 题目：题目在选题时已初步确定，但在完稿时可能要修改，以便与内容更加相符。题目不能大，要简明醒目。

2. 作者(包括单位)：科学论文不论以何名义发表，都要署名。署名作者可一名或多名，并要加注作者单位。署名是对论文的负责。要杜绝以个人名义发表集体成果和剽窃他人成果的恶劣行为。

3. 摘要：摘要又称概要、内容提要。摘要是以提供文献内容梗概为目的，不加评论和补充解释，简明、确切地记述文献重要内容的短文。包括研究目的、方法、结果和结论，即研究工作的主要对象和范围，采用的手段和方法，得出的结果和重要结论。

4. 引言(或前言)：是科学论文正文的第一部分。主要写研究本课题的理论依据和目的意义，阐明所论主题的发展过程和现状。涉及引用必要的历史文献，最好是直接引用原文，有些情况下可以进行间接引用。引言要简明，逻辑性强。引言是在论文的最前面，但一般是先写论文内容，再写引言。也可先写引言，待写完其他内容后，再修改引言。这要看个人的写作方法和技巧。

5. 材料与方法：主要说明在实验中采用什么观察方法，以及步骤、仪器、动植物材料、试验设计、计算公式、统计分析方法等。实验中涉及的动植物材料要注明中文名(或品种名称)和学名(拉丁学名)，动物还要注明年龄、性别、体重等。对所用的材料要说明特征和用量等。野外调查要说明调查地的自然地理概况和调查时间、范围等。

6. 结果与分析：用简洁、准确的文字叙述试验中记录的全部数据经统计分析和综合整理后所呈现的现象或事实，并对这些现象或事实做出必要解释。结果除用文字叙述外，还需用简明的图表表达，并配以文字注释。图、表都要有自明性，即读者仅通过图、表本身就可准确了解试验的结果。凡在材料和方法中提到的问题，在结果中都要有交代。

试验结果如果证实了原来的假说或推断，科研工作达到了预期目的。如果未能证明原来的假说，实际上也是一种结果，要进一步分析，找出原因。因为在这种情况下，有可能否定原来的假说，意义可能更大。因此，解释与分析讨论是对试验结果做出分析，并进而提高到理论的高度，应当是论文最精彩的一部分。此外，对在试验中观察到的新现象也要做出必要解释，一时还无法解释的要说明。总之，分析讨论一要有科学性、二要有逻辑性，摆事实讲道理，以理服人。引用别人的观点论证结果的合理性时，要注明文献出处。

有的论文试验结果单独写，有的和分析讨论并在一起，这要看论文的内容而定。一般大题目、内容多的论文分写为宜。

7. 结论(或小结)：结论是从一定的前提推论得到的结果，是对试验结果做出的总结性判断。因此，结论的真实取决于前提真实，但前提的真实并不意味着结论一定正确。如果在推理过程中犯了逻辑上的错误或引用了错误的观点和方法，真实的前提也会得出不真实的结论。试验结果只是在一定条件下取得的，条件不同，结果可能不同，有局限性。如果把局部真理延伸扩大到普遍真理，就要犯错误。

论文的结论要同引言所提问题相呼应，与结果和分析讨论相结合。结论要明确，因为读者一般在看过引言后就看结论，以确定是否继续看全文。

撰写摘要的关键是在“要”字上下工夫，摘出要点，能反映论文的独到之处。

8. 参考文献：参考文献条目的写法(包括正文中的引用方式和文末的著录方式)各种刊物不尽相同，应参照有关要求撰写，并仅列出与本文有关、作者阅读过的文献。而不要列与本文关系不大、甚至没有阅读过的文献。

9. 致谢：在论文正文最后对研究工作中(包括野外取样、室内分析、数据计算、论文审阅修改等环节)有帮助和贡献的人员或单位表示感谢。

10. 基金标注：对于受某种科学研究基金资助的研究项目，要进行标注。标注内容一般包括项目类别和项目编号。

总之，小论文的质量高低首先决定于所选研究专题本身，即研究内容和试验观察结果。绝不可能从一个设计不周、观察不细、统计分析方法欠妥的课题研究中总结出一篇有价值的论文来。写作技巧对论文质量也是一个重要方面。一篇好论文，应该是语法正确、文风好、言简意赅的作品。要通过多看文献、多写、多请教、多修改，逐步提高。

参考文献

陈明荣. 1983. 秦岭的气候与农业. 西安:陕西人民出版社.

陈明荣. 1992. 秦岭垂直温度带的划分. 地理研究，11(3):27-31.

戴相林,刘瑞,周建斌,等. 2012. 秦岭北麓地区农田土壤养分平衡状况演变分析. 西北农林科技大学学报(自然科学版)，40(3):191-199，205.

董红云,李亚,汪庆,等. 2010. 江苏省3个自然保护区外来入侵植物的调查及分析. 植物资源与环境学报. 19(1):86-91.

傅抱璞,李兆元,虞静明. 1983. 秦岭山地的气候特点. 陕西气象，(1):2-13.

傅志军. 2004. 秦巴山地土壤地带性特征. 宝鸡文理学院学报(自然科学版)，24(1):68-69.

高翔,白红英,张善红,等. 2012. 1959—2009年秦岭山地气候变化趋势研究. 水土保持通报，32(1):207-211.

高雪玲,刘康,康艳,等. 2004. 秦岭山地生态系统服务功能价值初步研究. 中国水土保持，(4):19-21.

耿世伟,渠晓东,张远,等. 2012. 底栖大型无脊椎动物生物评价指数比较与应用. 环境科学，33(7):2281-2287.

国家自然科学基金委员会,中国科学院编. 2011. 未来10年中国学科发展战略生物学. 北京:科学出版社:144-176.

胡秉民,张全德. 1985. 农业试验统计分析方法. 杭州:浙江科学技术出版社.

姜恕,李博,周寿荣,等. 1988. 草地生态研究方法. 北京:农业出版社.

蒋建军,冯普林. 2010. 秦岭北麓水资源利用现状与生态景观维护. 人民黄河，32(7):68-70.

景丽,朱志红,王孝安,等. 2008. 秦岭油松人工林与次生林群落特征比较. 浙江林学院学报，25(6):711-717.

考克斯 GW. 蒋有绪译. 1979. 普通生态学实验手册. 北京:科学出版社.

康慕谊,朱源. 2007. 秦岭山地生态分界线的论证. 生态学报，27(7):2774-2784.

雷明德,等. 1999. 陕西植被. 北京:科学出版社.

李刚,朱志红,王孝安,等. 2008. 子午岭辽东栎群落乔木种间联结与取样面积. 生态学杂志，27(5): 689-696.

李晶,任志远. 2003. 秦巴山区植被涵养水源价值测评研究. 水土保持学报,17(4):132-134,138.

梁刚. 1998. 秦岭地区两栖爬行动物区系组成特点及持续发展对策. 西北大学学报(自然科学版),28(6):546-549.

刘敬泽. 1999. 监测水环境变化的大无脊椎动物. 生物学通报,34(1):35.

刘康,马乃喜,胥艳玲,等. 2004. 秦岭山地生态环境保护与建设. 生态学杂志,23(3):157-160.

刘燕,胡安焱. 2006. 渭河流域近50年降水特征变化及其对水资源的影响. 干旱区资源与环境，20(1):85-87.

刘胤汉，陆立新. 1990. 陕西秦巴山区农业自然资源开发利用. 山地研究. 8(1):45-52.

刘胤汉. 1983. 秦岭水文地理. 西安:陕西人民出版社.

刘玉，Vermaat J E，Ruyter E D de，等. 2004. ISO-BMWP底栖动物监测法在中国河流有机污染评价中的修正及应用. 中山大学学报(自然科学版)，43(4):102-105

聂树人.1981.陕西自然地理.西安:陕西人民出版社.
牛翠娟,娄安如,孙儒泳,等.2007. 基础生态学. 2 版.北京:高等教育出版社.
潘文石,吕植,王大军,等.2000. 继续生存的机会.北京:北京大学出版社.
祁云枝,杜勇军,张莹. 2010. 西安地区外来入侵植物的调查研究.中国农学通报.26(5):223-227.
任毅,刘明时,田联会,等.2006. 太白山自然保护区生物多样性研究与管理. 北京:中国林业出版社.
任志远,李晶. 2003. 陕南秦巴山区植被生态功能的价值测评.地理学报，58(4):503-511.
沈茂才.2010. 中国秦岭生物多样性的研究与保护.北京:科学出版社.
盛和林,王岐山.1982. 脊椎动物野外实习指导.北京:人民教育出版社.
宋永昌.2001. 植被生态学.上海:华东师范大学出版社.
苏金明,傅荣华,周建斌,等.2000. 统计软件 SPSS for Windows 实用指南.北京:电子工业出版社.
孙华,白红英,张清雨,等. 2009. 秦岭南北地区植被覆盖对区域环境变化的响应. 环境科学学报，29(12):2635-2641.
孙华,白红英,张清雨,等. 2010. 基于SPOT VEGETATION 的秦岭南坡近10年来植被覆盖变化及其对温度的响应. 环境科学学报,30(3):649-654.
孙儒泳.2001. 动物生态学原理.3 版.北京:北京师范大学出版社.
孙忻,王丽.2001.北京小龙门森林鸟类群落划分与生态分析. 生态学杂志，20(5):25-31.
孙振均,周东兴.2010. 生态学研究方法(普通高等教育“十一五”国家级规划教材).北京:科学出版社.
王建国,黄恢柏,杨明旭,等.2003. 庐山地区底栖大型无脊椎动物耐污值与水质生物学评价.应用与环境生物学报,9(3):279-284.
吴征镒. 1980. 中国植被. 北京:科学出版社.
席承藩. 1987. 中国土壤.2 版. 北京:科学出版社.
徐海根,强胜.2011.中国外来入侵生物.北京:科学出版社:303-305.
延军平,郑宇. 2001. 秦岭南北地区环境变化响应比较研究. 地理研究，20(5):576-582.
闫宏志,杨志明,袁朝晖.2010. 秦岭水资源可持续利用探讨. 陕西林业科技，(5):56-58.
严中伟,杨赤.2002. 近几十年中国极端气候变化格局. 气候与环境研究，2(3):267-272.
阳含熙,卢泽愚.1981.植物生态学的数量分类方法.北京:科学出版社.
应俊生,李云峰,郭勤峰,等.1990. 秦岭太白山地区的植物区系和植被. 植物分类学报,28 (4):261-293.
应俊生.1994. 秦岭植物区系的性质、特点和起源. 植物分类学报,32(5):389-410.
岳明,张林静,党高弟,等.2002. 佛坪自然保护区植物群落物种多样性与海拔梯度的关系. 地理科学，22(3):349-354.
岳明,周虹霞. 1997. 太白山北坡落叶阔叶林物种多样性特征. 云南植物研究,19(2):171-176.
曾治高,李俊生,颜文博,等.2009. 洋太公路对秦岭大熊猫活动及其栖息地保护的影响.西北林学院学报，24(6):88-93.
曾治高,宋延龄,麻应太,等.2005. 牛背梁自然保护区食肉目和偶蹄目动物的区系特征与生态分布. 生态学报，29(5)：2249-2255.
张伯声. 1964. 在断块构造的基础上说明秦岭两侧河流的发育. 地质学报，44(4)：406-417.
张大勇. 2004. 植物生活史进化与繁殖生态学. 北京：科学出版社.
张光超，邱少鹏，卢中正. 2003. 陕西秦岭国家级生态功能保护区土壤侵蚀的遥感分析. 地球信息科学，(1)：109-112.
张璐，林伟强. 2002. 森林小气候观测研究概述. 广东林业科技，18(4)：52-56.
张胜利，崔云鹏. 2007. 南水北调工程秦岭水源区保护与监测. 人民长江，38(8)：40-42，87.
张爽，刘雪华，靳强，等. 2004. 秦岭中段南坡景观格局与大熊猫栖息地的关系. 生态学报，24(9)：1950-1957.
张文彤. 2002. SPSS 11.0 统计分析教程(高级篇). 北京：北京希望电子出版社.
章家恩. 2006. 生态学常用实验研究方法与技术. 北京：化学工业出版社.
郑哲民. 2011. 郑哲民论文选集：全 6 册. 西安：陕西师范大学出版总社有限公司.
郑作新，钱燕文，关贯勳，等. 1962. 秦岭、大巴山地区的鸟类区系调查研究. 动物学报，14(3)：361-380.
中国科学院《中国自然地理》编辑委员会. 1980. 中国自然地理(地貌). 北京：科学出版社.
《中国生物多样性国情研究报告》编写组. 1998. 中国生物多样性国情研究报告. 北京：中国环境科学出版社.
周自翔，任志远，李晶. 2006. 秦巴山区植被土壤保持生态价值研究. 干旱区研究，23(1)：144-148.
朱志诚. 1983. 关于秦岭北坡森林的基带. 西北植物研究，3(1)：40-46.
Chutter F M. 1972. An empirical biotic index of the quality of water in South African streams and rivers. Water Research，6(1)：19-30.
Connel J H. 1970. A predato-prey system in the marine intertidal region. I. *Belanus glandula* and several predatory species of *Thais*. Ecological Mouographs. 40：49-78.
Deevey E S. 1947. Life tables for natural populations of animals. Quarterly Review of Biology. 22：283-314.
Greig-Smith P. 1983. Quantitative Plant Ecology. 3rd ed. Oxford：Blackwell：101-145.
Hilsenhoff W L. 1982. Using a biotic index to evaluate water quality in streams. In：Technical bulletin Wisconsin department of natural resources No. 132. Madison，WI：Dept. of Natural Resources.
Kolar C S，Lodge D M. 2001. Progress in invasion biology：Predicting invaders. Trends in Ecology & Evolution，16：199-204.
MacArthur J W. 1975. Environmental fluetuations and species diversity. *In*：Cody M L，Diamond J M. Ecology and Evolution of Communities. Belkanp，Cambridge，MA：74-80.
Mack R N，Simberloff D，Lonsdale W M，et al. 2000. Biotic invasions：Causes，epidemiology，global consequences，and control. Ecological Applications，10：689-710.
Quinn G P，Keough M J. 2003. 生物实验设计与数据分析. 将志刚，李春旺，曾岩译. 北京：高等教育出版社.

附　录

附录一

直径换算圆面积表

直径/cm	面积/cm²	直径/cm	面积/cm²	直径/cm	面积/cm²
0.5	0.20	20.5	330.06	40.5	1288.23
1.0	0.72	21.0	346.36	41.0	1330.25
1.5	1.77	21.5	363.05	41.5	1352.65
2.0	3.41	22.0	380.13	42.0	1385.44
2.5	4.91	22.5	397.61	42.5	1618.62
3.0	7.07	23.0	415.44	43.0	1452.20
3.5	9.62	23.5	433.74	43.5	1456.17
4.0	12.57	24.0	452.38	44.0	1530.53
4.5	15.90	24.5	471.03	44.5	1555.24
5.0	19.63	25.0	490.87	45.0	1590.43
5.5	23.75	25.5	510.70	45.5	1625.97
6.0	24.77	26.0	530.93	46.0	1661.90
6.5	33.10	26.5	551.54	46.5	1698.22
7.0	38.40	27.0	572.55	47.0	1734.94
7.5	44.10	27.5	593.94	47.5	1772.05
8.0	50.27	28.0	615.75	48.0	1809.56
8.5	56.75	28.5	637.94	48.5	1847.45
9.0	65.62	29.0	660.52	49.0	1885.74
9.5	70.30	29.5	683.49	49.5	1924.42
10.0	78.54	30.0	706.86	50.0	1961.49
10.5	86.55	30.5	750.62	50.5	2002.96
11.0	95.03	31.0	754.77	51.0	2042.82
11.5	103.87	31.5	779.31	51.5	2083.07
12.0	113.10	32.0	804.25	52.0	2123.71
12.5	122.72	32.5	829.58	52.5	2184.75
13.0	132.73	33.0	855.50	53.0	2206.18
13.5	143.14	33.5	881.41	53.5	2248.00
14.0	153.94	34.0	907.92	54.0	2290.22
14.5	165.13	34.5	926.82	54.5	2332.83
15.0	176.71	35.0	962.11	55.0	2375.63
15.5	188.69	35.5	909.80	55.5	2414.22
16.0	201.06	36.0	1017.24	56.0	2463.01
16.5	213.82	36.5	1046.34	56.5	2507.16
17.0	226.93	37.0	1075.21	57.0	2551.76
17.5	240.53	37.5	1104.46	57.5	2596.72
18.0	254.47	38.0	1134.11	58.0	2642.08
18.5	268.30	38.5	1164.16	58.5	2687.83
19.0	283.53	39.0	1194.59	59.0	2733.97
19.5	290.68	39.5	1223.42	59.5	2780.30
20.0	314.16	40.0	1256.64	60.0	2827.43

资料来源：G. W. 考克斯著，蒋有绪译，1979

圆周换算圆面积表

圆周/cm	面积/cm²	圆周/cm	面积/cm²	圆周/cm	面积/cm²	圆周/cm	面积/cm²
1	0.10	46	168.39	91	658.98	136	1471.87
2	0.32	47	175.79	92	673.56	137	1493.58
3	0.94	48	183.35	93	688.26	138	1515.47
4	1.68	49	191.06	94	703.17	139	1537.52
5	1.99	50	198.94	95	718.18	140	1559.72
6	2.86	51	206.89	96	733.41	141	1582.08
7	3.90	52	215.15	97	748.74	142	1604.60
8	5.09	53	223.53	98	764.28	143	1627.28
9	6.44	54	232.05	99	779.94	144	1650.12
10	7.96	55	240.72	100	795.80	145	1673.12
11	9.63	56	249.55	101	811.77	146	1696.27
12	11.46	57	258.55	102	827.95	147	1719.59
13	13.45	58	267.70	103	844.24	148	1743.07
14	15.60	59	277.02	104	860.74	149	1766.70
15	17.90	60	286.48	105	877.34	150	1790.50
16	20.37	61	296.11	106	894.16	151	1814.44
17	23.00	62	305.90	107	911.08	152	1838.56
18	25.78	63	315.69	108	928.21	153	1862.83
19	28.73	64	325.95	109	945.46	154	1887.26
20	31.83	65	336.21	110	962.92	155	1911.84
21	35.27	66	346.64	111	980.47	156	1936.60
22	38.51	67	357.23	112	998.25	157	1961.52
23	42.10	68	367.98	113	1016.12	158	1986.57
24	45.84	69	378.88	114	1034.22	159	2011.81
25	49.74	70	389.93	115	1052.41	160	2037.18
26	53.79	71	401.16	116	1070.83	161	2062.73
27	58.10	72	412.54	117	1089.33	162	2088.43
28	62.39	73	424.08	118	1108.07	163	2114.30
29	66.92	74	435.78	119	1126.89	164	2140.31
30	71.62	75	447.64	120	1145.95	165	2166.50
31	76.47	76	459.65	121	1184.43	166	2192.83
32	81.49	77	471.83	122	1184.43	167	2219.34
33	86.66	78	484.16	123	1203.93	168	2245.99
34	91.99	79	494.66	124	1223.58	169	2272.81
35	97.48	80	509.31	125	1243.40	170	2299.80
36	103.13	81	522.11	126	1263.37	171	2326.92
37	108.94	82	535.08	127	1283.51	172	2354.23
38	114.90	83	548.21	128	1303.79	173	2381.67
39	121.04	84	561.50	129	1324.25	174	2409.29
40	127.48	85	574.95	130	1344.86	175	2437.06
41	133.77	86	588.57	131	1365.63	176	2464.99
42	140.37	87	602.32	132	1386.56	177	2493.08
43	147.14	88	616.27	133	1407.64	178	2521.33
44	154.06	89	630.33	134	1428.90	179	2549.75
45	161.14	90	644.60	135	1450.30	180	2578.31

资料来源：G. W. 考克斯著，蒋有绪译，1979

附录二

旬阳坝地区中国外来入侵植物名录及信息表

科名	属名	物种名称（中文名，拉丁名）	原产地	中国分布区	首次发现时间和地点	主要生境类型	经济和生态影响
豆科	洋槐属	刺槐 *Robinia pseudoacacia*	北美洲	辽宁、北京、河北、山西、河南、山东、陕西、甘肃、安徽、江苏、上海、浙江、江西、福建、湖北、湖南、重庆、四川、贵州、云南	1903 年 山东青岛	山坡、荒地、路边、庭院	形成优势种群，影响被入侵区域的自然更新和自然保护区的生物多样性
	车轴草属	白车轴草 *Trifolium repens*	欧洲	东北三省、内蒙古、北京、河北、山东、湖南、河南、山西、陕西、江苏、安徽、上海、浙江、江西、湖北、广东、广西、重庆、甘肃、宁夏、青海、新疆及云贵川	19 世纪引入西北和华北地区	路边、农田、牧场、旱作物田、果园、桑园及草坪	农田、路边、草场杂草，是一种固土植物，具有药用价值，可做肥料
柳叶菜科	月见草属	月见草 *Oenothera biennis*	北美洲	黑龙江、吉林、辽宁、河北、山东、安徽、江苏、浙江、江西、云南	1918 年 山东青岛	荒草地、砂质地、山坡、林缘、河边、湖畔、田边	环境杂草，有时入侵农田。秋季重要的粉源植物之一，植株及种子具有药用价值
苋科	苋属	苋 *Amaranthus tricolor*	印度	黑龙江、吉林、辽宁、内蒙古、河北、山西、陕西、河南、山东、安徽、江苏、浙江、江西、湖北、湖南、福建、广东、广西、海南、台湾、四川、重庆、贵州、云南、西藏、甘肃、宁夏、青海、新疆	大约 10 世纪	阳生，喜疏松肥沃土壤。发生于农田、菜园、果园、路边等生境	通常栽培做蔬菜，有时逸为半野生，侵入其他作物田后，亦可成为害草，有些菜园危害较重。幼嫩茎、叶可供蔬菜用，有的品种叶杂有各种颜色可供观赏；全草药用，能清热解毒；种子也可治眼疾

续表

科名	属名	物种名称（中文名，拉丁名）	原产地	中国分布区	首次发现时间和地点	主要生境类型	经济和生态影响
伞形科	胡萝卜属	野胡萝卜 *Daucus carota*	欧洲	黑龙江、吉林、辽宁、内蒙古、河北、北京、天津、陕西、山西、河南、山东、甘肃、宁夏、新疆、青海、江苏、上海、安徽、浙江、江西、湖北、湖南、福建(北部)、广东(北部)、重庆、四川、贵州、云南、广西、西藏等地区	中国明代《救荒本草》记述	荒地、路旁、山坡、果园、农田等	果园、桑园、茶园主要杂草之一。亦广泛发生于路旁和荒野，密度很大，影响景观。可以利用野胡萝卜作饲料；野胡萝卜具有耐铜等重金属污染的特性；此外还具有营养和药用价值
菊科	假蓬属	小白酒草 *ConyzaCanadensis*	北美洲	黑龙江、吉林、辽宁、内蒙古、河北、山西、河南、陕西、山东、安徽、甘肃、江苏、浙江、江西、湖北、台湾、云南、重庆、湖南、贵州	1860 年山东烟台	路边、田野、牧场、草原、河滩	对秋收作物田、果园和茶园危害严重，影响农作物生长，通过分泌化感物质抑制邻近植物的生长。为棉铃虫和棉椿象的中间寄主。全草治肠炎、痢疾等，全草含挥发油。幼茎、叶可做饲料
	飞蓬属	一年蓬 *Erigeron annuus*	墨西哥	黑龙江、吉林、辽宁、内蒙古、河北、山西、河南、陕西、山东、安徽、江苏、上海、浙江、江西、福建、湖北、湖南、重庆、贵州、四川、西藏	1886 年上海郊区	路边、农田、荒野	该种蔓延迅速，发生量大，常为害麦类、果树、桑和茶等，同时侵入牧场、苗圃造成危害。也大量发生于荒野、路边，严重影响景观，花粉也致花粉病。作为中草药饲料添加剂，对提高母猪的泌乳力、预防仔猪下痢、提高仔猪成活率，提高猪肉增重率等均有较好的效果
	牛膝菊属	粗毛牛膝菊 *Galinsoga quadriradiata*	中美洲、南美洲	辽宁、安徽、江苏、上海、浙江、江西、湖北、台湾、贵州、云南	20 世纪中叶随园艺植物引种 1943 年在四川成都采到标本	常生长在田间、河谷边、溪边、林下、荒野、河边和市郊路旁	危害秋收作物(玉米、大豆、甘薯、甘蔗)、蔬菜、观赏花卉、果树及茶树，发生量大，危害重。能产生大量种子，在适宜的环境条件下迅速扩增，排挤本土植物，形成大面积的单优群落。可入侵和危害草坪、绿地、造成草坪的荒废，给城市绿化和生物多样性带来巨大威胁

续表

科名	属名	物种名称（中文名,拉丁名）	原产地	中国分布区	首次发现时间和地点	主要生境类型	经济和生态影响
菊科	苦苣菜属	苦苣菜 *Sonchus oleraceus*	欧洲	黑龙江、吉林、辽宁、内蒙古、北京、河北、山西、陕西、河南、山东、上海、安徽、江苏、浙江、江西、湖北、湖南、福建、甘肃、宁夏、四川、青海、新疆、云南、西藏、广东、广西、海南、台湾、重庆、贵州	古代。可能首先经丝绸之路传到西北地区	生于山坡路边荒野处、田野、路旁、村舍附近	杂草。危害作物、草坪,影响景观
茄科	曼陀罗属	曼陀罗 *Datura stramonium*	墨西哥	全国	1590年《本草纲目》记载	常生于路旁、宅旁等土壤肥沃、疏松处	为旱地、宅旁主要杂草之一。亦发生于路旁和荒野,影响景观。对牲畜有毒
旋花科	牵牛属	裂叶牵牛 *Pharbitis nil*	美洲热带地区	内蒙古、北京、河北、陕西、山西、河南、山东、安徽、江苏、上海、浙江、江西、湖北、湖南、福建、广东、广西、海南、台湾、四川、重庆、贵州、云南	明代引种到沿海地区种植。1591年的著作《草花谱》记载江浙一带做花卉栽培	田边、路旁、河谷、宅院、果园、山坡、苗圃	路边、农田、荒地常见杂草,对农作物有一定的危害性。观赏,种子药用
		圆叶牵牛 *Pharbitis purpurea*	美洲热带地区	辽宁、河北、山西、陕西、安徽、江苏、浙江、重庆、贵州、云南	1890年中国已有栽培	田边、路旁、河谷、平原、山谷、林内	庭院常见杂草,有时危害草坪和灌木

资料来源:徐海根和强胜,2011

附录三

底栖大型无脊椎动物耐污值表(0—10)

蜉蝣目	7 细蜉科	7 短丝蜉科	4 四节蜉科	4 蜉蝣科	4 扁蜉科	4 毛蜉科	2 细蜉科	2 等蜉科
	2 长跗蜉科	1 小蜉科	0 鲎蜉科					
襀翅目	2 叉襀科	2 网襀科	1 绿襀科	1 襀科	0 卷襀科	0 扁襀科		
毛翅目	6 纹石蛾科	6 径石蛾科	4 长角石蛾科	4 小石蛾科	4 沼石蛾科	4 瘤石蛾科	4 石蛾科	3 等翅石蛾科
	3 角石蛾科	2 碟石蛾科	1 鳞石蛾科	0 舌石蛾科	0 原石蛾科	0 鳌石蛾科		
双翅目	10 蛾蠓科	10 食蚜蝇科	8 摇蚊科	6 蠓科	6 舞蠓科	6 蚋科	6 家蝇科	6 虻科
	6 水虻科	6 蚊科	6 幽蚊科	4 长足虻科	3 大蚊科	0 网蚊科		
蜻蜓目	9 蟌科	9 扁蟌科	9 丝蟌科	9 综蟌科	9 山蟌科	9 蜻科	5 色蟌科	5 丽蟌科
	5 伪蜻科	3 蜓科	1 春蜓科					
鞘翅目	9 水龟甲科	8 龙虱科	8 沼梭甲科	6 豉甲科	5 泥甲科	5 沼甲科	5 象甲科	4 溪泥甲科
	4 扁泥甲科	4 长泥甲科	4 毛泥甲科					
半翅目	9 划蝽科	5 潜蝽科	5 水黾科	5 仰蝽科	5 蝎蝽科	3 尺蝽科	1 盖蝽科	
广翅目	4 泥蛉科	0 齿蛉科						
脉翅目	0 溪蛉科	0 泽蛉科						
蜚蠊目	4 光蠊科							
鳞翅目	5 螟蛾科							
甲壳纲	8 栉水虱科	4 钩虾科	3 河虾科	2 长臂虾科	2 华溪蟹科			
寡毛纲	8 仙女虫科	8 带丝蚓科						
蜱螨纲	6 水螨总科							
腹足纲	5 田螺科	5 蜓螺科						
鳃瓣纲	8 球蚬科	8 蚬科						
蛭纲	10 扁蛭科	6 石蛭科						
涡虫纲	4 直涡虫科	4 涡虫科						

资料来源:王建国等,2003。有删节

注:表中科前的数值为耐污值

附录四　植被类型与景观图片

秦岭暖温带-温带落叶阔叶林外貌(上左、上右:岳明摄;中左、中右:朱志红摄);
锐齿栎林(下左:岳明摄);辽东栎林(下右:朱志红摄)

秦岭温带-寒温带针阔叶混交林早春外貌(上左:岳明摄);红桦林(上右:岳明摄);
白桦林(下左:岳明摄);华山松林(下右:岳明摄)

寒温带针叶林（上左：朱志红摄；上右：岳明摄）；太白红杉林春季季相（中左：岳明摄）；太白红杉林夏季季相（中右：朱志红摄）；太白红杉林林内结构（下左：朱志红摄）；巴山冷杉（下右：朱志红摄）

高山灌丛草甸(上左:岳明摄);头花杜鹃灌丛春季季相(上右:岳明摄);杜鹃(中左:郭华摄);高山草甸(中右:岳明摄);亚高山秦岭箭竹林(下左:岳明摄);秦岭林线与高山流石坡(下右:郭华摄)

油松人工林(上左:朱志红慑);华北落叶松人工林(上右:岳明摄);秦岭暖温带-温带落叶阔叶林谷底玉米田(中左:朱志红摄);秦岭北麓小麦田(中右:朱志红摄);秦岭南坡河谷景观(下左:朱志红摄);秦岭南麓水稻田(下右:朱志红摄)

外来植物粗毛牛膝菊入侵农田及撂荒地（朱志红摄）

生态学野外实习剪影（朱志红摄）

实习驻地旬阳坝镇(朱志红摄)

秦岭太白山(上左:朱志红摄);洋县朱鹮生态园(上右:朱志红摄);杨凌农博园(下左:朱志红摄);佛坪熊猫谷(下右:于晓平摄)